U0734173

考试脑科学

脑科学中的高效记忆法

[日]池谷裕二 著

高宇涵 译

人 民 邮 电 出 版 社

北 京

图书在版编目（CIP）数据

考试脑科学：脑科学中的高效记忆法 /（日）池谷
裕二著；高宇涵译. -- 北京：人民邮电出版社，
2019.7
（图灵新知）
ISBN 978-7-115-50954-3

Ⅰ. ①考… Ⅱ. ①池… ②高… Ⅲ. ①记忆学－通俗
读物 Ⅳ. ①B842.3-49

中国版本图书馆CIP数据核字 (2019) 第 047184 号

内 容 提 要

　　本书结合脑科学前沿研究，通俗地讲解了人脑"记住与遗忘"的原理，不仅呈现了人脑筛选、存储信息的奇妙机制，还向读者传授了灵活运用人脑记忆规律、通过"欺骗"大脑实现"长期记忆转化"的记忆方法。此外，针对"记忆困扰""动机不足"等常见的学习问题，作者从脑科学与心理学的角度给出了科学的建议。本书可作为中考、高考、研究生考试、职业资格考试等各种考试的备考指导，也可作为日常工作、学习中的"高效记忆法"指南。

　◆ 著　　　　[日]池谷裕二
　　译　　　　高宇涵
　　责任编辑　武晓宇
　　装帧设计　broussaille 私制
　　责任印制　周昇亮
　◆ 人民邮电出版社出版发行　　北京市丰台区成寿寺路11号
　　邮编　100164　电子邮件　315@ptpress.com.cn
　　网址　https://www.ptpress.com.cn
　　涿州市京南印刷厂印刷
　◆ 开本：880×1230　1/32
　　印张：7　　　　　　　　　　2019年7月第1版
　　字数：117千字　　　　　　　2025年11月河北第54次印刷
　　著作权合同登记号　图字：01-2017-9034号

定价：59.80元
读者服务热线：**(010)81055370**　　印装质量热线：**(010)81055316**
反盗版热线：**(010)81055315**

前言

本书是拙作《高中生学习法》^①的修订版。

《高中生学习法》出版已有十余年。这期间，脑科学研究不断进步，十几年前无法解释的事情现在已经开始逐渐明晰。同时，书中有些内容甚至已经被明确证实是错误的。也就是说，《高中生学习法》这本书，仅十余年就已落后于时代了。

此次修订再版，我以最新的科学观点重新审读了《高中生学习法》的内容和表述，在必要之处进行了大刀阔斧的修订与增补。最终，本书的适用范围已不再仅限于高考，而是扩大到从中考到社会上的各种资格考试、职称考试等。

如此一来，尽管本书保留了原版中与高中生交流的行文风格，但是书名还是删除了原有的"高中生"一词。

在这里，我想先明确表达一下自己的想法。十多年前出版的《高中生学习法》其内容已经过时，这一点在当下是毫无疑问的。

---

① 日本永濑出版社 2002 年 4 月出版。

但同时这也意味着，此次修订的内容在十年或者二十年后可能也会过时，说不定有些内容还会被证明是错误的。对于这个问题，我认为：所谓科学的进步，原本也正是需要不断纠错的。

科学就是假说的循环往复：建立假说，验证这个假说——有时是进行反证——然后再建立新的假说。本书也正是基于这种科学认知写就的。

科学家大都谨慎，对于无法确定的事便会闭口不谈。从目前脑科学研究的水平来看，所谓的"科学学习法"原本就是一种自我标榜的说法，为时尚早。

但是我认为，在科学成果实际应用之前，科学家一直闭口不言，也不过是科学家的一种利己主义罢了。

搜集完整的科学证据可能需要数十年，如果在这期间只能耐心等待，那么很多人就可能错失自己人生中的机会。所以，最大限度地应用当下已经证实的科学知识，去尝试寻求解决问题的策略，这又有何不可呢？

本书就是秉承这种信念创作的，因此希望各位读者不要将本书奉为"绝对真理"，而是将它看作"记忆研究专家池谷裕二的私人学习法"。

为了完成这本书，我竭尽全力地综合了专业领域多方面的信息。"信息"的关键在于时效性和准确性，而这两者往往如同鱼与熊掌，不可兼得。因此，我在写作时很是费了一番心思，才在脑科学研究百年传承的经典知识和最新的研究之间寻得了一个良好的平衡点。

说起来，大家知道记忆在人脑中是如何形成的，又保存于何处吗？不了解脑的机制就去学习，相当于不知道体育运动的规则就去埋头苦练，注定事倍功半；而理解运动的规则后再去进行有针对性的训练，则能提高效率，早日进步。

学习也是如此。要想研究高效率的学习方法，首要之事是理解人脑规则（在当前的脑科学研究范围内）。然后，在学习中注意不去违背人脑规则，或者说去灵活利用人脑规则。

此外，针对"学习方法"领域中广为流传的一些"传言"和"迷信"，本书也从脑科学的角度进行了真伪考察。为此，本书将先向读者讲解记忆究竟是什么，并说明记忆的机制、原理，然后在此基础上考察锻炼记忆力的方法。

这里所说的"学习"并不局限于学校里的学习。一旦掌握了高效的学习方法，就可以将之应用在日常生活的方方面面。也就是说，本书所介绍的各种技巧，应该能够让各位读者在日后的工作和学习中受益。若本书能够对各位读者在发掘脑的潜能、实现自我等方面有些许帮助，我将深感荣幸。

本书解读视频请见封底二维码。

目　录

脑心理学专栏

经验谈

内文插画：中村隆

第 1 章

记忆究竟是什么

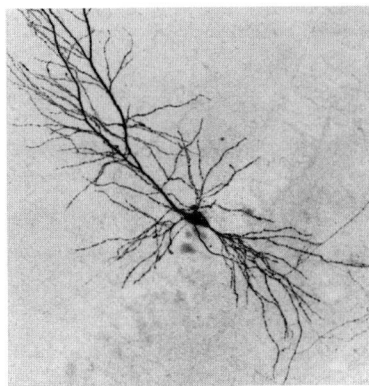

海马体的神经元

1–1 能力只能用考试检测吗？

"记忆"是一种不可思议的奇妙之物。它究竟存在于人脑的何处，又是以怎样的形式存在的呢？在学校中，老师判断学生是否已经掌握所授知识，如果仅靠眼睛来打量、观察学生，则会无从判断。毕竟记忆有别于笔记或备忘录，并非肉眼可见的有形之物。

这种情况下，"考试"便应运而生。老师在确信自己讲授确当、没有遗漏的前提下，会自信满满地设计考试试题。如果考试的结果不理想，那么老师就可以判断学生的头脑里没有相关知识。同时，对于未能完成学习义务的学生，老师也会为其贴上"差生"的标签。

但是，考场上常会出现这样的情况：题目会做，但时间不够用；一些知识有印象，却怎么也想不起来；在交卷的一瞬间，记不起来的内容便清晰地出现在脑海中，等等。如果发生了上述情况，即便是认真复习的人，也会和完全没有记住任何知识的人一样得低分。之前为考试付出的各种努力付诸东流不说，还会被视为"懒惰""无能"。这其中的委屈与悔恨实在无以言表。

因此，对于参加考试的人来说，提前预测考点并据此进行复习和训练，就成为了应对考试的最佳策略。

但是话说回来，看不见也摸不着的"知识"，一定要通过考试这种形式才能确认其是否存在吗？比如，可不可以不考试，而只通过给人脑拍一张照片就能判断知识的有无呢？再进一步说，有没有更简单、更可靠的方法，可以用来确定某人"头脑清晰"或"记忆力超群"呢？

实际上，通过现代的脑科学研究，这种近乎"魔法"的事已经能够在某种程度上实现了。大家都知道，脑存在于头部，打开头盖骨就可以看到。毫无疑问，"记忆"这种东西也存在于脑中的某个地方。不过，倘若记忆的存在形式是固体或者液体，那寻找记忆便如探囊取物。遗憾的是，记忆既非固体也非液体，因此寻找记忆这项研究，也是医学研究中最难被攻陷的"堡垒"。

计算机的"记忆"是使用磁性原理的硬盘来存储信息，音乐CD则是使用可以反射激光的细小凹坑来记录信息。人类的"记忆"也是一样的，它一定以某种物理形式存在于人脑中。若非如此，人脑便无法去记忆。

记忆的形成，意味着信息在人脑中留下了"痕迹"。所以，只要对脑进行适当处理，就可以实际"看到"这些信息的痕迹。其实，我的研究室已经成功观察到了脑的这些信息痕迹，甚至还看到了一部分无法通过考试来确认的"潜在记忆"。

1-2 神经元"创造"出的脑

脑科学中对"记忆"的描述如下：

记忆是将神经回路的动力学（dynamics）现象转化为一定规则，在突触重叠的空间中，根据读取的外部时空信息，形成一种内部信息表达的过程。

看到这种表述，恐怕一般的读者都会一头雾水，毫无头绪。简单来说，记忆的"真相"就是"新神经回路的形成"。

这里出现了一个名词——神经回路。有一种说法认为，人脑中存在 1000 亿个神经元（意外的是，我们现在仍然无法获知人脑中神经元的准确数字）。每一个神经元都通过"神经纤维"分别与其他一万个神经元相连，这种由神经元之间相互连接构成的系统就是"神经回路"。

我们可以把上述关系想象成如下情况，即众多住宅（神经元）通过密集的道路（神经纤维）相连，形成了城市（神经回路）。

与道路网密布的城市类似，脑也是由神经回路这种"网络"构造出来的。在神经回路这张网络上，"神经信号"来回奔走、传递，脑便是使用这种"神经信号"来处理信息的。这与计算机使用电信号进行运算的过程非常相似。

计算机由复杂的半导体回路构成。精巧的计算机程序，可以创造出电信号的"道路"。例如加法的计算，程序可以创造出"从这边出发向那边走，然后在某处拐弯"的进程。当电流按照程序设定的流程流动时，计算机就能得出加法运算的结果。

数据在电路中会被转化为单纯的数字信号，即用 1 和 0 来表示电荷的有无，并以这种形式来进行保存和读取。不只是加法，无论多么复杂的运算，甚至连声音、影像等信息，也都是基于有或无的二进制来处理的。实际上，人脑的记忆及其处理方式与此类似，使用的也是数字信号。

为了更容易理解，请大家将神经网络想象成一张方格纸，把神经纤维想象成方格纸上横竖排列的方格。如果我们在整张纸上画画或者写字，从远处能够看清方格纸上到底画了或写了什么，但是如果从近处看这张纸，能看到的就只有"涂满的方格"和"没有涂满的方格"而已。这就是二进制，人脑和计算机运行机制的共同点也正在于此。

（实际是这样的）

叮~

哇

1-3　记住与忘记

在此，我还以计算机的 RAM（random access memory，随机存

取存储器）和硬盘之间的关系为例，讲解与其类似的、人脑的"短期记忆"和"长期记忆"之间的关系。

计算机的数据长期保存在硬盘中，硬盘甚至可以保存几百、几千本百科全书的数据。然而，仅将数据保存在硬盘中，对于计算机而言是没有价值的。能够去使用存储的信息，才能发挥计算机作为"计算机"的作用。

为了让计算机能够处理存储的信息，RAM 就出场了。RAM 是一处临时保存信息的场所，相当于人脑的短期记忆。计算机只能处理调入 RAM 的信息。当计算机想要读取信息时，就需要将硬盘中的信息调入 RAM；反过来，如果计算机想要保存信息，也要先经由 RAM 再将其保存在硬盘上。总之，RAM 就相当于一座连接计算机内部与外部的"桥梁"。

其实，大家的脑中也存在类似的情况。无论是从长期记忆里调取信息，还是向长期记忆里保存信息，都需要一个临时储存信息的场所，这就是短期记忆。通常来说，要想让记忆长期保存在人脑中，都要先通过短期记忆这一关。

短期记忆有一个小缺点，它的容量比较小，不能同时保存太多的信息，而且保存下来的信息也会很快被忘记（所以才叫"短期记忆"）。

举例来说，这就好比是我们为吃泡面烧了一壶水，等待水开的过程中接到了朋友打来的电话。这时，如果我们和朋友聊得非常开心，就很有可能忘记正在烧水这件事。这是因为"烧水"只是短期记忆。计算机的运行原理也与之类似。如果在保存之前就关闭文档，那么写好的文档就会丢失，我们只能再次从头创建文档。这是因为文档只保存在了 RAM 中，而非硬盘之中，它和短期记忆一样，很快就会被"忘记"。

因此，要想形成长期记忆，关键就在于如何利用短期记忆。保存文件时应该认真为文件命名并做好分类整理工作，如果缺少这些步骤，那么在需要时就无法迅速地调取出数据。这就像在我们的脑中明明储存着相关的知识，但在考试时却愣是想不起来那样，真是一出惨剧。

如果只是把物品胡乱地堆在仓库，仓库里就会变得杂乱无章。与其说那是仓库，还不如说是垃圾场。同理，如果毫无章法地记忆知识，我们的脑也会变成这种状态。

本书就是从这样的观点出发，思考如何能够有效地吸收知识。为此，我提出的第一个关键词就是"海马体"，它是谈及"记忆"时绕不过去的重要话题。

脑心理学专栏 1 / 色彩心理学①

大家学习的房间都是什么颜色呢？各位是否知道"颜色"对人脑机能有着很大的影响呢？

举例来说，快餐店的招牌和店内装潢大多以红色为基调，这是因为红色最能促进人的食欲。究其原因，可能是因为人类在演化过程中还残留着野生食肉动物的天性吧，所以快餐店利用红色色调能吸引到更多客人。

与之相对，人在吃饱时最厌恶的颜色也是红色，所以结束用餐的客人在红色基调的快餐店里就会感觉不舒服，他们会很快离开。这样一来，快餐店的翻台率就提升了。

像这样研究颜色和人类心理间关系的学科就叫作色彩心理学。

曾经有一位色彩心理学研究者研究了运动服颜色对选手的影响①。这位研究者针对拳击和摔跤等分红、蓝两方进行对战的竞技运动，分别调查了双方的获胜率。

调查结果显示，当两位实力相当的选手进行比赛时，红方选手的获胜率为62%，而蓝方选手的获胜率为38%。由此可见，仅

---

① Hill, R. A. & Barton, R. A. Red enhances human performance in contests. *Nature* 435, 293 (2005).

仅因为穿了红色的运动服，红方选手的获胜率就是对手的 1.5 倍以上。根据这些数据我们可以看到，颜色给人带来的影响是不容忽视的。

那么，颜色对于学习又有哪些影响呢？我们将在下一个脑心理学专栏中讨论这个问题。

1-4 认识海马体

现在我们已经知道，人脑中存在长期记忆和短期记忆。

保存长期记忆的部位叫作"大脑皮质"，它相当于人脑的"硬盘"，可以保存我们已经记住的知识。

目前，我们还无法准确得知人脑"硬盘"的容量。不过有研究人员推测，如果我们把迄今为止所见、所闻、所感的全部信息都不遗巨细地装进大脑皮质，那么它在几分钟内就会因为信息爆满而失去机能。

读到这里，大家也许会想："啊？人脑的存储量那么小吗？"其实并非如此，这里真正值得我们感慨的是："原来平时进入人脑的信息这么多啊！"人脑将所有信息记住是不可能的，也是完全没有必要的。

人脑不同于计算机，无法通过增加存储器来扩容。因此，为了灵活运用有限的存储空间，脑会根据信息的价值，将其分成"必要信息"和"非必要信息"，脑如同法官一般，会对信息下达"价值判决"。只有被脑判定为"必要"的信息才会被运送到大脑皮质内长期保存。

那么，具体判定信息是否必要的"关卡检查员"又是谁呢？它就是人脑中的海马体。

海马体是人脑的一个重要功能区，大致位于耳朵深处的大脑部位。海马体直径约 1 厘米，长度略小于 5 厘米，形状类似于香蕉，也像略微弯曲的小指。"海马体"一词中的"海马"二字，指的就是海洋生物的海马。至于为什么将脑的这一功能区命名为海马体，其缘由众说纷纭，谁也不能确定到底哪种说法是正确的。

海马体和大脑皮质

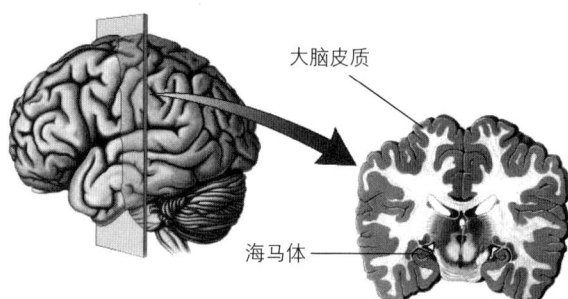

大脑皮质

海马体

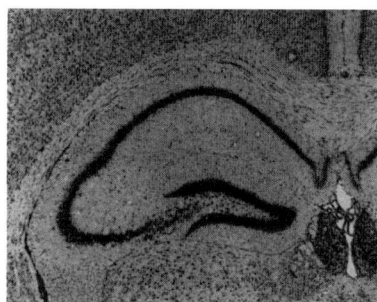

海马体的剖面图

　　只有被"关卡检查员"海马体判定为"必要"的信息，才会顺利通过"关卡"，获得成为长期记忆的资格。通常来说，这样的审查最短也需要一个月，而且审查标准非常严格，除了极个别的情况以外，一般不会一次性通过。

那么，什么样的信息能比较容易地通过海马体的审查呢？是会在明天考试中出现的英语单词，还是古罗马皇帝的名字呢？

很可惜，这些都不容易通过审查。海马体的审查标准是"该信息对生存而言，是否不可或缺"。

对于考试迫在眉睫却记不住单词的我们来说，这些英语单词比任何信息都重要。但海马体可不这么认为，只会残酷地裁断为："一两个英语单词记不住不会导致生命危险，所以不予通过。"进而不会授予单词信息从短期记忆复制到长期记忆的许可证。实际上，那些大家在学校里必须记住的知识，基本上都不会被海马体判定为"对生存不可或缺的信息"。

这其实也是理所当然的。请大家仔细地想一想，诸如"吃了腐败变质的食物会引起食物中毒""石头砸向脑袋时如果不避开就会受伤"这类信息，和"苏格拉底于公元前399年去世"这类教科书上的知识相比，哪些才是关乎性命的重要信息呢？

人本身也是动物，有着生存的本能。对于动物来说，所谓"学习"就是指牢记在险境中获得的经验以避免再次遇到同样的危险，进而越来越适应周围环境的过程。

![笔]脑心理学专栏　2　/　色彩心理学②

　　我们在上一个专栏中提到过，在体育运动领域，红色对运动员有更加积极的影响。不过比起运动，想必大家更感兴趣的是颜色会对学习产生什么样的影响吧。其实，我们通过检测 IQ（intelligence quotient，智力商数）的测试就可以明确这一点。[1]

　　在测试中，我们不改变 IQ 测试题的试题内容，只是把试题本

① Maier, M. A. Elliot, A, J. & Lichtenfeld, S. Mediation of the negative effect of red on intellectual performance. *Pers Soc Psychol Bull* 34, 1530-1540 (2008).

的封面颜色换成红、蓝、绿、黑等不同颜色。令人惊讶的是，最终只有拿到红色封面试题本的答题者群体分数明显下降。其中，程度最轻者分数至少下降了10%，严重者则下降了30%。

红色对答题者的影响并不仅体现在显眼的封面上，就连答题栏的边框线、试卷上某个角落的标记等轻微红色元素也会造成答题者分数的下降。这样看起来，红色似乎具有降低IQ的效果。

红色明明能在体育领域发挥积极作用，但为什么会让我们的考试成绩变差呢？这真是不可思议。关于这一谜题，也许下面的实验可以帮助我们找到答案。

首先要准备两道选择题，一道比较简单，另一道比较难。答题者可以自行选择一道题作答，且会被告知，不管他选哪一道题，都不会对其利益产生影响。当答题者基于这样公平的前提进行选择时，不知为何，一旦红色元素进入答题者的视野，那么最终选择简单问题的人数就会增加。

实际上，红色能削弱答题者向难题发起挑战的勇气，而前面提到的"IQ下降"也能用这一点来说明。IQ测试中的题目非常多，答题者很难在规定时间内全部答完。要想取得更高的分数，他们必须有不到最后绝不放弃答题的决心。与其说红色降低的是答题者的智力，不如说它削弱了答题者不断挑战难题的动机，从而导致了分数下降。

IQ 测试创始人之一的阿尔弗雷德·比奈认为，智力的三大核心要素是"逻辑能力"（数学）、"语言能力"（语文）和"热情"，然而人们却往往会将最后的"热情"抛之脑后。所幸设计者在设计 IQ 测试时很好地考虑到了这一点，力求能在检测智力的同时也反映被测试者的热情。

基于上述事实，让我们再来重新思考一下颜色对体育运动的影响吧。我在前文中提到过，选手穿红色运动服时获胜率会上升。请大家想象一下，当我们身穿红色运动服时，能看到更多红色的是我们自己还是我们的对手呢？没错，正是我们的对手。换句话说，红色的运动服能让对手畏怯，进而使我方处于优势。

因此，我也尽量不让自己学习的房间内出现红色。

那么，学习的房间使用什么颜色会比较好呢？遗憾的是，目前我们还无从得知哪种颜色能提高智力。就我个人而言，因为觉得绿色具有让人平心静气、提高注意力的效果，所以会在书房中使用很多让人能联想到大自然的绿色。另外，我也会在学习的间隙去公园或河边散散步，做一个小小的"绿色森林浴"。

1-5 加油吧，海马体！

海马体以"是否有利于生存"为尺度，对所获信息进行判断、取舍。诸如在毫无生命危险的教室里学习之类等行为，与人类的生存相比简直可以算是无关痛痒的事。人们常说"左耳进右耳出"，说不定海马体就是这样一刻不停地从大脑中删除信息的吧。

人脑大约会消耗人体总能耗的 20%，但其质量只占不到人体体重的 2%。可见从每单位所需能耗来看，人脑是个不折不扣的耗能大户。

为了将必要信息储存到长期记忆中，消耗能量也是理所应当的，而如果一些非必要信息也储存到了人脑里，这就是对能量的浪费了。如此一来，我们又可以把海马体看作是一个节能主义者，它也是为了节约能量而不允许无用信息通过的"财政大臣"。

所以，某种程度上我们无法改变"根本记不住"这种让人发愁的状况，因为相对于"记住"，人脑本来就更擅长"忘记"。

从脑科学的角度而言，"怎么都记不住"是极其理所当然的。即使忘记了好不容易才记住的信息，我们也完全没必要耿耿于怀，因为不是只有我们自己的脑特别容易忘记，所有人都是这样的。

漫天阴雨，不会只倾注到一个人的生活中。①

——朗费罗（诗人）

话虽这么说，但是对于普通人而言，无论是在课堂上回答问题时出丑丢脸还是考试落榜，这些都是和食物中毒一样让人感到痛苦的、十分重要的事。很可惜的是，我们身为"雇主"却得不到海马体的特殊照顾，因为它并不会按照我们的意愿而"随机应变"。

为什么会这样呢？我个人认为原因在于海马体尚未演化完全。

哺乳类动物出现后，海马体才演变成了现在的形态。无论怎么推算，迄今为止，海马体的演化时间也只有2亿5千年左右。而如果纵观人类的演化历史，人类高度文明的起点则与现在的时间更接近，最多也就是1万年前的事。

生物演化的时间单位通常为几百万年甚至几亿年。若要与急速发展的人类文明相匹配，海马体的演化历史还太短了。

那么，要想让尚未演化完全的海马体将学校学到的知识划分为必要信息，我们到底该怎么做呢？想必这才是大家目前最想知道的事情吧。

---

① 出自朗费罗的《雨天》，原文为 Thy fate is the common fate of all, Into each life some rain must fall（你的命运是大众共同的命运，人人生活里都会有无情的雨点）。文中这句在日本流传比较广的名言是日文意译的版本。——译者注

方法只有一个，那就是"欺骗"海马体。话虽这么说，但是大家要知道，这个检查员可是无论我们怎么贿赂、苦苦哀求都不会有丝毫动摇的。

要想让海马体将信息判定为必要信息，我们要尽可能地倾注全部的热情和诚意，持续不断地将信息传送过去。这样一来，海马体就会产生一种"如此锲而不舍地传送来的信息一定是必要信息"的错觉，进而允许信息通过"关卡"，进入大脑皮质。

日本自古流传一句话："学习就是要反复地训练。"从脑科学的角度来看，事实的确如此。所以即使我们忘记了学过的东西，也不要因此而感到气馁或耿耿于怀，只需在必要时重新记忆一次就可以了。即使我们再次忘记了重新记住的东西也不要泄气，请打起精神再去记一次吧。像这样，只有进行反复记忆，那些知识才能被保留在脑中。

但是，我们在将来还是会忘掉费了这么大劲才掌握的知识，这该如何是好呢？毕竟是努力了很多次，好不容易才记住的……

答案还是一样的：重新再记忆就可以了。除此之外别无他法，因为人脑的设计机制，本来就是为了能够尽快忘记大量信息。

也就是说，成绩好的人其实都在这样努力着：即使面对一次又一次的遗忘也毫不气馁，仍然反反复复地将信息送往海马体。

也许大家被本书书名中的"考试"二字所吸引，高兴地认为读完这本书就能轻松提高成绩。那么在看到上述结论后，有的读者可能瞬间就失望了吧。大家总是对考试抱有一种抵触的态度，甚至还有人可能曾经这样想过："为什么人脑不能像计算机那样，只要保存一次就永远都不会忘记呢?"

请大家试着想一想。人脑善于遗忘的原因，或许可以认为是脑的存储量太小。但从本质上说，如果人记住的每一条信息都近乎无法被忘记，那么人不是就无法正常生活了吗?

曾经有一位记忆力超群的"患者"，他患有"超忆症"——从在马路上与其擦肩而过的陌生人，到放置在路边的自行车，他能记住从早上起床开始一天中看到的所有事物。也许我们很羡慕他具有这样超凡的记忆力，但实际上，这种记忆力会让生活变得很不方便。

每当晚上准备睡觉时，白天见到的种种情景就会在他的脑海中一一浮现。这种不会忘记的能力让那些场景仿佛又一次清晰地展现在眼前，以至于妨碍了他的思考。渐渐地，他开始分不清现实与想象，迷失在幻觉的世界中。他拼命地想要消除自己的记忆，却最终罹患了神经症（neurosis）①。

---

① 主要表现为焦虑、抑郁、恐惧、强迫、疑病症状或神经衰弱症状的精神障碍。——编者注

　　怎么样? 这样看来, 我们不费吹灰之力就能忘记获取的信息, 这是否也是一种幸福呢? 无论我们喜不喜欢、愿不愿意, 人脑都会慢慢忘记曾经获得的信息。其实, 我们应该感谢人脑具有这种"不重要就不保留"的谨慎设计。

　　而对于考试这种无论如何都要记住所学知识否则就会落榜的情况, 解决办法就只有一个了, 那就是通过反复复习以骗过我们的大脑。这是最重要的法则。

> 最容易欺骗的人，其实是自己。
>
> ——布尔沃·利顿（英国政治家）

因此从现在开始，本书的焦点将放到"怎样做才能有效提高反复训练的效率"这一问题上。

"欺骗大脑"说起来简单，在实践过程中其实还需要运用一些技巧，而这些技巧也正是高效学习法的秘诀所在。那些掌握了技巧、擅长欺骗海马体的"诈骗高手"，通常就会被大家称为"聪明人"。

接下来，本书会一边讲解人脑的原理，一边逐渐地向大家传授这些技巧。怎么样，做好心理准备了吗？下面，就让我们从记忆的生理学开始讲起吧。

经验谈 1 / 选择高一时学过的科目对高考不利？

我现在很烦恼，不知道要不要选择高一学过的生物作为高考理科考试科目[①]。我之前觉得，也许选择已经掌握了整体知识框架的科目会比较有利，而且当时参加期中、期末考试时，即便考前临阵磨枪，生物也总能取得不错的成绩。

[①] 在日本，参加高考的考生需要从物理、化学、生物、地理学四门学科中选择两门作为理科综合的考试科目。——译者注

　　但是升入高三后我参加了生物模拟考试，总分 100 分竟然只拿到了 37 分。那些生物术语被我忘得一干二净，好像我从来没有学过一样。这样看来，高二时学的化学现在还有点印象，高三时学的物理到了高考时应该也不会忘记，那么选择高一时学习过的科目是不是反而不利了呢？

　　现在想一想我真是有些后悔，当初应该把高一那年的期中、期末考试试卷都留着，时不时地拿出来复习一下就好了。那些我原本以为已经记住的内容，没想到两年过后还真是消失得无影无踪了。（高三·神奈川）

作者之见

　　类似这样的咨询案例，其实基本都与咨询人自身的学习态度有关。诚然，人的记忆（特别是和考试相关的知识）的确会随着时间的推移而逐渐消失，但如果从脑科学的角度来看，曾经被牢记的信息（也就是"印刻"在大脑皮质中的长期记忆）会无意识地储存在大脑某处，所以如果要从现在开始再次学习，应该能比初学时更容易地回想起知识点，学起来也更加轻松。因此，我们不能断言高考时选择高三学过的科目就一定比选择高一时学过的科目有利。

　　总之我认为，是否选择生物作为高考科目，关键要看高一时你在学习生物这门课程上下了多少功夫。如果你觉得"我已经掌握了整体的知识框架，选择它比较有利"，那么生物确实是个不错的选择；但是，如果当时你只达到了"临阵磨枪"的程度，那么恐怕你并没有真正掌握那些知识，所以还是选择最近学过的物理比较妥当。

　　另外，我建议这位同学了解一下人脑的记忆恢复现象（reminiscence）。所谓记忆恢复现象，是指相对于刚刚学习的新知识，沉睡于大脑某处的知识反而更容易被利用的现象。关于这部分的详细情况请参考本书第4章。

第 2 章

"欺骗"大脑的方法

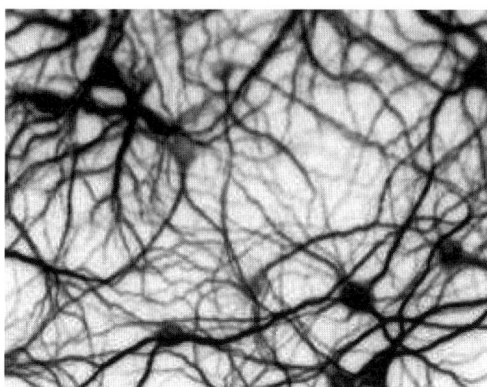

培养皿中的神经元塑造出的神经回路

2-1 无论是谁都会忘记

本章我将讲解记忆被保存在人脑后会面临怎样的命运，了解这一过程能为顺利"欺骗"大脑打下基础。在第 1 章中我曾提到，人脑的设计机制本来就是要忘记尽量多的信息。在此就请大家一边参与下面的实验一边思考：人脑究竟是以怎样的速度忘记信息的呢？

其实，这个实验是德国心理学家艾宾浩斯在一百多年以前就做过的著名实验。首先，请大家背诵以下几组由 3 个字母组成的音节。

（YUM）（KOS）（KES）（TOH）（SOB）

（BEX）（TAR）（KUW）（MIY）（JAS）

虽然这 10 组音节完全没有任何意义，但是也请大家认真背诵，我们会在之后进行测试。

在背诵时请注意两点：第一是不要使用谐音记忆等方法，而是将其死记硬背下来；第二是从记住这些音节到测试开始，在此期间绝对不要复习。这是一个关于"忘记"的实验，如果做不到以上两点，我们就无法看到"忘记"的真面目。

那么，我们对这 10 组音节的记忆能够维持多长时间呢？也许大家会产生"我真是不擅长背东西啊""记忆力好的人肯定能很轻松地就记住很长时间吧"等想法，然而实验结果却显示，忘记音节的速度并不是因人而异的。无论是谁都会以大致相同的速度遗忘信息，而且"忘记"这件事并不会以人的意志为转移。无论怎样祈求，记住的信息也还是会在某一时间段被我们遗忘，甚至当我们想要尽早忘记某些信息时也不能如愿以偿。

在此实验中，我们将以"遗忘曲线"直观地呈现音节是以怎样的速度被忘记的。

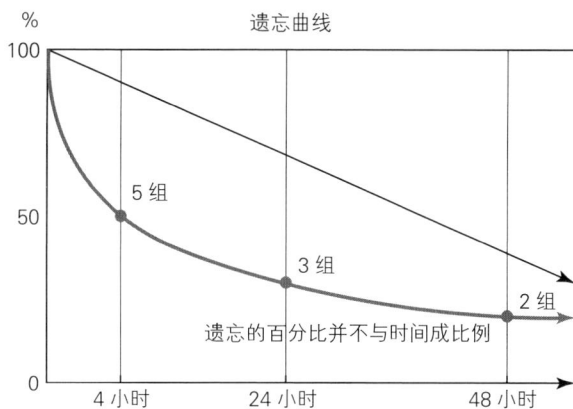

%

遗忘曲线

100

50

5 组

3 组

2 组

遗忘的百分比并不与时间成比例

0

4 小时   24 小时   48 小时

请仔细观察这条曲线。它并不是一次函数，这表明人脑并不是匀速忘记信息的。另外由图可知，最容易忘记的时间恰巧是刚刚记住的时候——在记住信息后的 4 小时内，我们会一口气忘记大约一半的内容。但在此之后，剩余的记忆却能维持较长时间，它们是逐渐被忘记的。

就这个实验的平均成绩来说，参加实验的人在记住 10 组音节的 4 小时后，普遍只能想起其中的 5 组左右。此后忘记的速度逐渐减慢，24 小时后再次进行测试，参加实验的人一般还能记得 3 ~ 4 组音节，48 小时后则为 2 ~ 3 组。

所以，当考试迫在眉睫时，与其前一天晚上彻夜苦读、临阵磨枪，还不如考试当天早上早起努力，这样到考试时记住的东西可能还会更多一些。根据遗忘曲线可知，如果不是考试前 4 小时以内记住的内容，那么在考试开始时就已经忘掉一大半了。但是，我并不建议大家在马上要考试的时候才把知识一股脑地硬塞进脑中，理由会在稍后说明。

话说回来，大家在前面的实验中取得的成绩如何呢？由于很难严密地按照要求进行实验，所以说不定大家的测试结果会和遗忘曲线显示的结果存在差异。如果你的成绩比这条遗忘曲线上显示的要好，那么你可能不是只靠死记硬背去记忆这些音节，也许是因为它们对你来说有特别的意义。不过，这个实验测试的仅仅是对无意义音节的记忆效果。相反，如果成绩比这条遗忘曲线上显示的要差，那么只能是因为你从一开始就没有认真背诵，或者是你的记忆被干扰了。接下来，我会为大家详细讲解记忆的干扰，但无论如何都请记住："忘记"这件事并不会因人而异。

脑心理学专栏　3　/　组块化

虽然有些突然，但请大家先试着记住下面这 9 个数字。

853972641

接下来，请在 30 秒后检查一下自己还能否记起这串数字。如果不借助谐音记忆等方法，想要记住类似于这种没有任何意义的数字还是挺难的吧？但是，如果像电话号码一样在数字中间加入连字符，那么这组数字就会变成如下形式。

853 – 972 – 641

这样记起来就容易多了。将所得信息划分为多个小组以便于记忆，这样的方法就叫作"组块化"，它也是一种非常重要的学习方法。

例如在背诵英语词组时，如果零零散散地记忆，效率是很低的。不如试着将词组分类整理，比如将 get at、get out、get over、get up 这样都带有"get"的词组分成一组，或者是将 get at、arrive at、look at、stay at 这样都带有"at"的词组分成一组来背诵会比较有效。

　　另外，有些人会因为马虎而出现计算错误，导致在考试时丢掉分数。其实，越是经常出现计算错误的人，其笔算过程也越是杂乱无章。请大家记住，对于学习来说，对知识和信息进行分类整理是学习过程中一个非常重要的步骤。

记住吧！

853972641

记住吧！

853·972·641

2-2　好方法？坏方法？

　　虽然我在前文提到过，忘记的速度并不会因人而异，也不会以人的意志为转移，但这也并不代表着无论在何种条件下忘记的速度都保持不变。假如果真如此，那么每个人的记忆力应该都是完全相同的，每个学生在学校的成绩也都应该相同才对。

让我们先从记忆更快消失的情况说起吧。什么情况会导致记忆较快消失呢？我想知晓这个问题的答案应该对于大家的学习有非常大的帮助。

最容易导致原有的记忆提前消失的活动，就是添加新的记忆，也就是指将知识一股脑地硬塞进大脑中。比如大家在上一小节的实验中记住了 10 组音节，那么请在 1 小时后再次背诵以下 10 组新音节。

（TAQ）（MIK）（KOX）（GIY）（YAT）

（QOY）（MIZ）（JOQ）（DIH）（XUP）

当然，这次也请认真背诵。

记住这次的 10 组音节之后再过 3 小时，请试着回想第 1 次背诵的 10 组音节。怎么样，还记得几组呢？我想大家肯定只记得一两组而已吧。

也就是说，如果往脑中塞入了过量的信息，我们记忆的效果就会变差，因为人脑一次能记住的信息量是有限的。

```
%                    记忆的干扰
100

        5组
 50              添加新的记忆后，旧的记忆消失得更快了
                        3组

        2组        1组
  0
     4小时    24小时      48小时
```

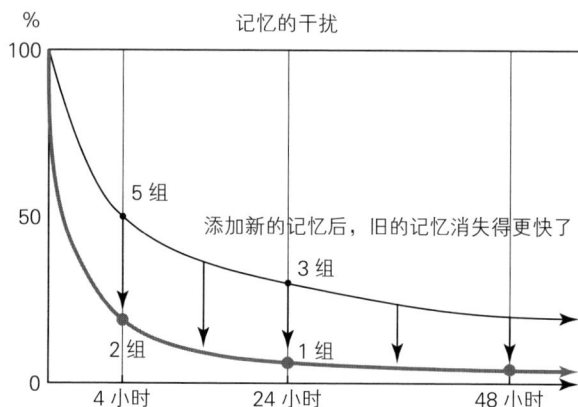

　　与此同时，新记住的 10 组音节的记忆也会受到妨碍。只要在 4
小时后试着回想一下就可以知道，能记起来的音节连 5 组都不到。

　　像这种新记忆和旧记忆互相影响的现象就叫作"记忆的干扰"。

　　存在于人脑中的一个个记忆片段并不是完全独立存在、毫无关
联的。相反，它们是互相关联、互相影响的。有时它们互相抑制，
有时它们又互相合作以得到巩固。

　　因此，错误的记忆方法，比如毫无准备地将大量知识塞入脑中，
就会导致记忆消失，或者使记忆变得混乱、模糊不清，进而造成失误。

　　举个具体的例子。在古文课上，老师突然要求大家第二天之前
把《百人一首》①全部背诵下来，并且会安排相关考试。面对这项强

---

① 日本最广为流传的和歌集，里面包含 100 首和歌。——译者注

人所难的作业，与其试图通宵把 100 首和歌都背下来，不如踏踏实实地只背 30 首，这样反而能得到更高的分数。虽然这种策略看上去有些狡猾，但无论是从时间、体力还是精力上来说，都是一种合乎情理的方法。面对那种不合理的要求时，出于对健康的考虑，也不应该熬夜往脑中硬塞知识。

当然，不仅是考试前，在平时的学习过程中也要尽量避免在一天内向脑输入大量新知识。说起来，学习的重点原本就应该放在"复习"上，我会在之后对复习的重要性进行说明。总之，在力所能及的范围内毫无压力地记住自己所能记住的内容，才是符合记忆性质的学习方法。

看到这里，想必大家应该已经明白了吧？没错，就学习方法而言，既有遵循人脑规则的好方法，也有违背人脑规则的坏方法。无视人脑规则、完全乱来的学习只是在浪费时间而已，有时甚至还会起到反作用。那样的话，还真不如不学习了。

对于考试而言，学习了多少知识的确很重要，但它并不会决定最终的成绩——更重要的是对知识的掌握程度，即"学习的质量"如何。方法不同，结果也会大不相同。

人生如同故事。重要的并不是篇幅有多长，而是内容有多好。

——塞涅卡（哲学家）

请大家重新审视一下自己的学习方法，想一想在这之前采用的方法是否对脑不利。接下来，本书将会讲解高效的学习方法。在正确理解本书内容的基础上，如果大家发现自己的学习方法有一些错误，那就请试着改正吧。特别是那些一直觉得"我明明已经这么努力了，为什么成绩还是上不去"的人，更要仔细阅读，争取能够合理地利用人脑规则，掌握事半功倍的学习方法。

经验谈 2 / 高效率的英语单词记忆法

我想说一说自己背诵英语单词的方法。我一般会去书店翻阅英语单词书。如果书里的单词我一个都不认识，那么这本书我肯定不会买，因为没有信心能够坚持看完，最后挑选的往往是那种里面有一半单词我都认识的书。另外，我还喜欢那种用大号字体表示词目、设计得十分醒目的版式。

因为我是典型的缺少恒心的人，总是三天打鱼两天晒网，所以为了激励自己"一定要看完一半以上"，我还会在单词书的书口正中央处画一条显眼的红线。

之后我会按照每天背诵两页的计划，在书页左上角的空白处写上应该背诵这一页的日期，如果完成了计划就在该日期上画圈。一天之中我会背 3 次单词，每次间隔 8 小时，只有在睡前才背诵新单词。在上学和放学时，我会在通勤车上复习前一天晚上临睡前背诵的新单词。

我从高一第一学期开始采用这种方法学习，到暑假时正好把单词书背完一遍①。在暑假中我还用随书附赠的 CD 进行了总复习。

进入第二学期后，英语课上出现的单词有 95% 我都认识。当然，如果遇到结构很复杂的句子，我还是会停顿一下，但是仅凭词汇量的优势，我也能抓住句子的梗概。因为几乎不用翻词典，我的阅读速度也渐渐提升了很多。就这样，英语成了我十分擅长的科目。（高二·长崎）

作者之见

整体来看，可以说这是一种效率很高的学习方法。诚然，对于学习而言，怀有"热情"是十分重要的。而从以上的学习方法中我们还可以看出，为了维持自己的学习热情，这位同学在细微

---

① 日本的学制是新学期从四月开始，上到七月放暑假。每学年共有三个学期。——译者注

之处付出了各种努力。其实不只是单词书，我们对其他参考书的第一印象也很重要。大家在买书时，最好也提前翻一翻再挑选出符合自己喜好的书，以便维持自己的学习热情。

另外，我还很欣赏这位同学的一点是，他没有把眼前的学习目标定得太高。虽然人们常说"志当存高远"，但是就日常的学习而言却并非如此。达成目标所带来的成就感会适当地刺激人脑中名为 A10 的神经，让我们产生快乐的情绪。合理设定目标能使我们在长时间内一次又一次地获得成就感，进而提高学习热情。

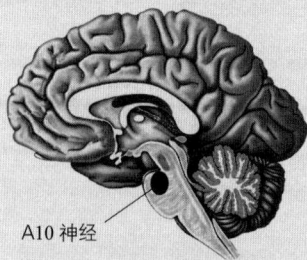

A10 神经

因此，要求自己每天只背诵两页单词，这样的学习计划是非常妥当的，而且完成计划后在日期上画圈也是一个很好的习惯。明确地看到自己应该做的事情已经做了，这对于维持学习热情来说也很有帮助。

在这位同学所谈的经验中，最了不起的地方就在于他利用了上学和放学时的空闲时间来复习。"复习"是学习过程中最重要的一步，但是往往有很多学生都以"想要空出时间玩儿、参加社团活动""还要学习其他知识"为由，降低复习的优先级。

其实只要像这位同学一样，稍微花点心思、下点功夫，总是能挤出时间复习的。请大家一定要转变自己的观念，重视起复习来。我认为，预习、学习、复习的比例在1/4 ：1 ：4左右比较妥当。

2-3　反复记忆的效果

由遗忘曲线实验可知，错误的学习方法会加快遗忘速度或导致记忆混乱。事实上，我们能通过遗忘曲线获得的信息远不止于此。接下来就让我们一起思考，怎样能让遗忘曲线的倾斜程度变得缓和一些，也就是怎么做才能让已经记住的信息不容易被忘记吧。

在最初的实验中，虽然大家记住了10组音节，但是随着时间的推移，关于那些音节的记忆会慢慢消失，最终连1组音节也想不起来。这些记忆真的从我们的脑中完全消失了吗？似乎并非如此。

大家可以试一试，在确定自己完全想不起任何音节后，再次记忆同样的10组音节并进行测试，你会发现和第1次测试相比，这次能记住的音节更多了。也就是说，通过第 2 次记忆，这些音节变得不容易被忘记了。如果用平均成绩来说明的话，大概就是 4 小时后仍然能记得 6 ~ 7 组的水平。

接着，重复同样的步骤，即在完全忘记第 2 次记住的音节后再次记忆同样的 10 组音节，这一次记忆的效果更加明显，音节更不容易被忘记了。在 4 小时后进行的测试中，能想起来的音节应该约有 8 组。

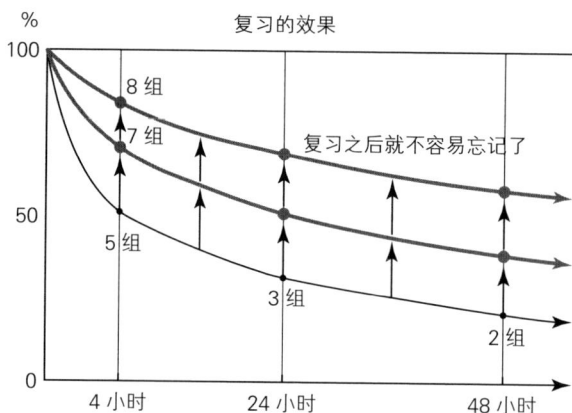

复习的效果

如果此时把你的朋友叫来和你比赛背诵这些音节，那么你的朋友无论怎么努力，4 小时后都会忘记一半音节，还很有可能误以为你是个记忆力超群的天才。换句话说，无论是谁都能通过反复记忆，让自己看起来好像是记忆力提高了。

可是，为什么反复记忆能提高人的记忆力呢？第 1 次背诵的音节明明已经完全想不起来了，它们应该已经从脑中完全消失了才对，结果第 2 次测试的成绩居然比第 1 次的还要好，这真是不可思议。

实际上，这些音节并没有完全消失，它们仍然存在于脑中，只是我们想不起来罢了。换句话说，那些我们觉得自己已经完全忘记的信息，其实都完整地保存在无意识的世界里，只不过它们属于潜在的痕迹，所以才无法被我们想起来。

当我们反复记忆时，这些潜在痕迹就会悄无声息地帮助我们记住知识，从而提高考试成绩。所以说，反复记忆会让我们看起来像是记忆力提高了。从这里也能看出，反复地学习（也就是复习）有多重要了吧？复习可以降低我们忘记知识的速度。

经验谈 3 / 我究竟是为了什么而学习？

从小母亲就一直教导我："无论上什么课都要认真听讲，否则就是对老师的不尊重。"而我也一直相信母亲说的这句话，并将其作为学习的准则。

不过到了高二，面临文理分科时我突然产生了疑问：我到底是为了什么而学习？此后的半年我都一直无法专心投入到学习中。虽然我也很羡慕在模拟考试中取得好成绩，或者为了考上重点大学而拼命努力的朋友们，但是相对于这些眼前的目标，我失去的是学习更为本质的目的，所以无论如何也提不起对学习的兴趣。

直到半个月前，我在补习班参加了职业适应性测试。在必须要专心致志、仔细钻研的研究类职业方向，我居然取得了非常高的分数。通过测试证明了自己适合一个在感觉上很不错的领域，这让我觉得能发挥自己才能的职业还是存在的，而现在的学习就是为了给将来从事这个职业打下基础。就这样，我完全从消沉的情绪中走出来了。（高二·东京）

作者之见

作为一名科研工作者，我很高兴你能选择研究作为目标。

人们常说高二是容易陷入萎靡与消沉的阶段。可能的确是这样吧，高二的学生们总是会从各种角度去思考所谓的人生价值和意义，我自己也曾有过这样的经历。

对于青少年而言，这种思考很有可能是一个脱离儿童时期、确立自我意识的重要心理过程，但由此对现状和未来充满绝望从而失去学习热情的学生也不在少数。我认为，像上述经验谈中那样，能找到人生目标的人是非常幸运的。

反过来想，高二这个充斥着各种不稳定因素的阶段，也正是最能在学习能力上和他人拉开差距的时期。

如果还有人不明白"我到底为了什么而学习"，那么请阅读本书的"后记"部分。

登山的目标肯定是山顶，但人生的乐趣却并不在山顶，而在那充满困难的半山腰。

——吉川英治（作家）

2-4 蛮干终究是徒劳

相信大家已经了解了复习的重要性。但是，"复习"二字说起来容易，做起来却不简单，盲目复习是没有效率的。在此，就让我为大家讲解一下复习时需要注意的三点吧。

第一点是关于复习的时机问题，即在什么时候复习比较好。究竟间隔多久进行复习才能取得最好的效果呢？

我们利用之前的音节记忆实验来测试一下就能知道答案了。如果第1次和第2次学习之间间隔1个月以上，那么记忆力是得不到提高的。也就是说，潜在记忆的保存时间只有1个月左右，如果不在1个月以内复习学到的知识，潜在记忆就无法发挥作用了。所以，并不是在任何时候复习都有效果，大家最迟也要在1个月以内就开始复习。

为什么那些无意识的记忆有"保质期"呢？答案的关键还是在于海马体。海马体是对进入人脑中的信息进行审查的工厂。信息的种类不同，能停留在这家工厂的时间也有长有短，短的大概只有1个月左右。海马体会在1个月内分类整理这些信息，判定哪些是应该进入大脑皮质的必要信息。

因此，那些间隔了1个月甚至更久的时间才去复习的知识，对于海马体来说和新学习的知识并没有什么不同。相反，如果在1个月以内多次复习相同的知识，海马体就会产生错觉，做出判断："短短1个月内竟然看到了这么多次！这一定是非常重要的信息吧。"

另外，在首次复习中输送进海马体的信息越多，成功"欺骗"海马体的可能性就越大。也就是说，在复习时也要像初次学习那样用功，不仅要用眼看，还要动笔写、出声读，尽可能地调动自己的感官。这样一来，通过视觉、听觉、触觉等传达的信息都会对刺激海马体起到积极作用。

结合海马体的性质，我建议大家按照如下计划展开复习。

第 1 次复习：学习后的第 2 天

第 2 次复习：第 1 次复习 1 周后

第 3 次复习：第 2 次复习 2 周后

第 4 次复习：第 3 次复习 1 个月后

以上计划将复习分为 4 次，每次复习之间都存在一定的时间差，整个计划在约两个月内完成。通过这样的复习方法，海马体会将信息判定为必要信息，并允许它们进入大脑皮质。我认为这样做足以达到高效复习的目的，没有必要再复习更多次。

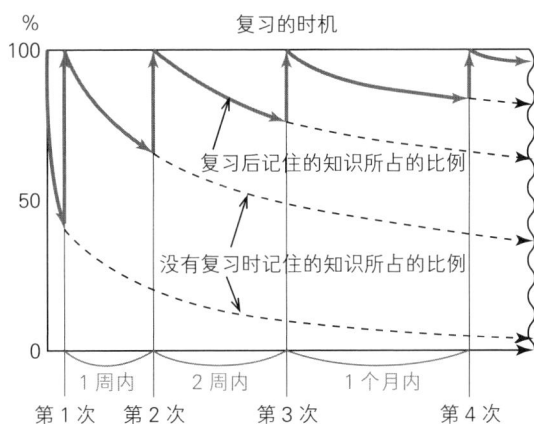

复习的时机

肌肉锻炼也是如此。为了练出肌肉，我们没有必要每天都去举哑铃，其实两天练一次就足够了，效果是一样的。同理，复习计划安排得再满，它对最终的学习效果也不会产生任何影响，只是会让复习的人劳心劳力罢了。

> 最不擅长利用时间的人，最爱抱怨时间不够用。
>
> ——拉布吕耶尔（作家）

与其把时间浪费在不必要的复习上，还不如去学习其他的新知识。

以上就是第一个需要注意的问题。下面就让我们来讲一讲第二个注意点——复习的内容。

复习同样的内容才有效。比如在前面提到的音节记忆实验中，如果第 2 次背诵的 10 组音节和第 1 次背诵的音节完全不同，那么记忆力是得不到提高的。所记内容一旦改变，复习就达不到预想的效果，甚至还会因此造成记忆的干扰，导致成绩下降。

因此，重复学习同样的内容是十分重要的，不然怎么能称之为"复习"呢？

举个例子吧。大家在学习时，除了学校发的教科书以外，还会用到一些参考书或习题集。找到真正适合自己的参考书其实是一件很不容易的事情，有些书店甚至会售卖有关如何挑选参考书的参考书。也有人会一次性买来好多本参考书一一试读，觉得这么看下去总能发现不错的参考书。我却认为这样的排查摸索并不是什么好事，原因正在于复习的效果不佳。

即便科目相同，一旦更换了参考书，我们就不得不再一次从头开始熟悉参考书的内容，而只有内容相同时，复习才会产生提高记忆力的效果。请大家务必牢记这最重要的一点。

特别在意参考书好坏的人，可能是对信息太敏感了。如果很容易就受到周围的人或书中信息的影响而经常更换参考书，那就相当于浪费了复习的效果，简直可以说是在"自断生路"。

市面上的参考书也许的确良莠不齐，但是它们之间的差距并没有大到足以让人介意的程度。因为这些参考书的作者们都以帮助大家学习（或者想要大赚一笔稿酬）为目的，煞费苦心地编写内容。在日本，创作参考书大多会比编写学校教科书下的功夫多。

选择参考书的关键在于我们对这本书的第一印象如何。如果可以的话，大家最好不要在网上购买参考书，而是应该亲自去书店看一看、读一读，然后再做选择。一旦选定了某本参考书，就要一心一意、踏踏实实地把整本书都读完。

做一件事情，先要决定志向，志向决定之后就要全力以赴、毫不犹豫地去实行。

——富兰克林（科学家）

使用参考书要始终如一，别人用什么样的参考书与我们无关。与其花费时间和金钱寻找新的参考书，不如把手头的参考书多复习几遍，这才是有效利用时间的方法。

我自己在上学时也没有使用太多的参考书，只是把手里的每本参考书都至少学习了四五遍，也许学习正需要这种"固执"的性格吧。

2-5　人脑更重视输出

复习时需要注意的第三点，是人脑更重视输出而不是输入。这一点可以通过以下实验来证明。①

这是一个让参与者记忆 40 个斯瓦西里语单词，并对结果进行测试的实验。如果让你记忆陌生语言的单词，你会采用什么方法呢？在这个实验中，参与者被分成 4 组，每组采用不同的记忆方法，最后看看采用哪种方法能取得最好的成绩。

具体的实验过程如下。

首先让所有参与者都把 40 个单词学习一遍，然后马上进行测试。结果当然是没有人能一下子就全部记住这些从未见过的单词，也就是说，没有人能拿到满分。接下来要做的才是这个实验的重点，即 4 个小组将采用不同的方法继续记忆这些单词。

第 1 组如果没有拿到满分，就要把这 40 个单词全都重新背一遍，然后再接受和之前相同的测试。如果还是没有拿到满分，那么就得再去背那 40 个单词，并重新接受测试。就像这样，第 1 组重复"学习并测试"的过程，直到拿到满分为止。

① Karpicke, J. D. & Roediger, H. L., 3rd. The critical importance of retrieval for learning. *Science* 319, 966-968 (2008).

第 2 组则稍微轻松一些。因为重新记忆这 40 个单词实在太麻烦了，所以没拿到满分的参与者只需背诵在上次测试中出错的单词，然后再接受全部单词的测试。如果还不能得到满分，那么就继续背诵出错的单词，并重新接受测试。如此反复，直到拿到满分为止。

第 3 组和第 2 组恰好相反，重新记忆单词时需要背诵全部的 40 个单词，但之后只会测试在上一次测试中出错的部分。如果这次测试还不能拿到满分，那么就要重新记忆全部单词，然后再次测试出错的部分。如此反复，直到不再出错为止。

第 4 组采用的方法最为普遍，这种方法在学校或补习班中很常见，即只重新记忆在上次测试中出错的单词，测试时也只考出错的部分。一直重复这个过程，直到不再出错为止。

测试比学习更能留住记忆

	重新背的单词	测试的单词
第 1 组	全部单词	全部单词
第 2 组	出错的单词	全部单词
第 3 组	全部单词	出错的单词
第 4 组	出错的单词	出错的单词

那么，在这 4 组中，哪一组能最快记住所有单词呢？结果可能会让大家惊讶。实际上，各组的实验结果并不存在差异，每组重复

记忆单词的次数都是一样的。

　　不过令人意外的是，1周后再次测试参与者对这40个单词的掌握程度，这次的成绩出现了十分明显的差距：第1组和第2组的成绩在80分左右，而第3组和第4组的成绩只有35分左右。成绩竟然相差如此之大，这到底是怎么一回事呢？

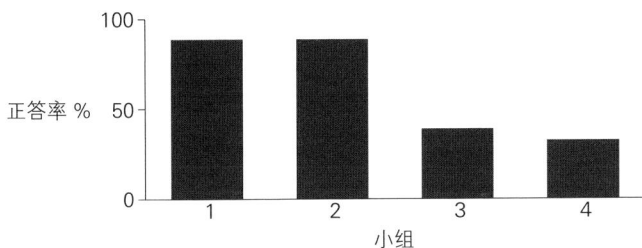

　　要说成绩比较好的第1组和第2组有哪些共同之处，那就是这两组在重新测试时都考查了全部的单词。而第3组虽然重新背了全部的单词，但是却只测试了之前出错的部分。

　　这个结果反映出的正是人脑的本质。人脑中存在"输入"和"输出"两种操作。背单词的行为相当于输入，提取保存于大脑中的单词去解答试题的行为则相当于输出。

　　这个实验的结果意味着要想留住记忆，就不能忽视输出（测试）。

　　当然，信息的输入和输出都很重要。因为如果没有输入，输出便无从谈起。但是，要说脑更重视哪一方，那绝对就是输出了。因为人脑的模式是"输出依赖型"。

让我们试着站在脑的角度来重新思考一下这个事实吧。每天都有无数的信息涌进人脑中，人脑不可能把所有信息都一一记住，所以必须从中挑选出应该记住的信息。那么，人脑判断哪些信息该记住、哪些信息不用记的标准究竟是什么呢？

其实我在前文中已经强调过很多次了，这个标准就是"复习的次数"，但这并不意味着向大脑多次输入信息就是上上之策。毕竟，我们最终的目的是要让海马体产生错觉，误以为短时间内多次输入的信息一定是必须记住的重要信息。

然而从斯瓦西里语单词记忆实验来看，这个目的表述得并不准确。对脑而言，更重要的是"输出"。也就是说，站在海马体的角度，更重要的是得出这种判断："这个信息竟然会被如此频繁地调用，看来必须要记住它才行。"

所以，相对于填鸭式的学习方法，灵活运用所学知识的学习方法效率更高。

用我们身边的事来举例的话，那就是在复习时与其反复钻研教科书或者参考书，不如多做几遍习题集，勤加练习能取得更好的效果。

第 3 章

海马体和 LTP

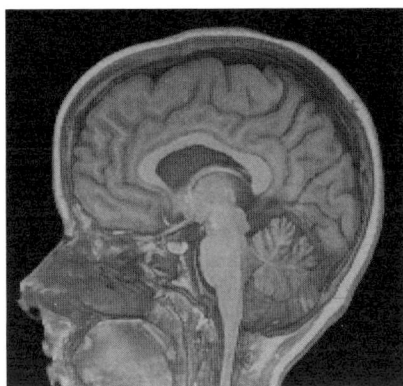

头部的磁共振成像

3-1　掌握记忆关键的 LTP

本章中，我们将以海马体神经元的性质为切入点，一起来认识人脑记忆的性质。

从人脑中一个个神经元所具有的细微性质中，大家可以学到很多知识，因为人脑的机能就是由神经元来实现的。所以，要想了解人的记忆，我们当然要从海马体神经元的性质开始说起。

我读博期间的研究课题正好是"海马体和记忆"，我最终也拿到了博士学位，可以说是一名"海马体博士"了。因此，在本章中我将充分发挥自己的专业优势，从专业角度来讲解海马体的性质。实际上，海马体神经元具有很多有趣的性质，其中最具代表性的就是 LTP。下面我们就来看看这个 LTP 是什么吧。

近年来，脑科学研究发展迅速，那些人们曾经无法想象的高难度实验已经逐渐成为可能。例如在现阶段，我们甚至已经能够在刺激人或动物的神经元的同时，来记录这些神经元的活动了。我就使用过这种技术，将细小的电极轻轻插入海马体，尝试对海马体进行反复刺激。大家知道结果如何吗？神经元之间的连接竟然增强了。不仅如此，在刺激结束后，连接也仍然保持着增强的状态。也就是说，神经元被长期地激活了。

这种现象名为长时程增强作用（long – term potentiation）[①]。最近，大家都使用大写的英语缩略词 LTP 来指代这个现象，所以本书在随后进行说明时也将使用 LTP 一词。

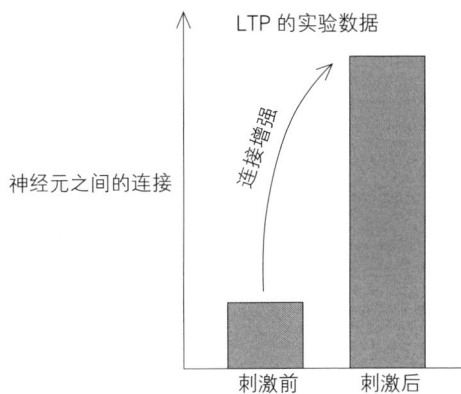

LTP 是大脑的"记忆之源"，这一点通过简单的实验就可以验证。例如，我们先通过给予药物或改变基因等方式让实验动物的脑中的 LTP 消失，然后观察它们的记忆会发生怎样的变化。结果显示，被剥夺了 LTP 的动物将无法产生任何记忆，这真是太可怜了。由此我们可以得知，记忆的形成与 LTP 密切相关。

① Bliss, T. V. & Lomo, T. Long-lasting potentiation of synaptic transmission in the dentate area of the anaesthetized rabbit following stimulation of the perforant path. *J Physiol* 232, 331-356 (1973).

另一方面，LTP 的效应得到很好发挥的动物，记忆力也有所提高。也就是说，如果海马体处于容易产生 LTP 的状态，那么学习能力也会得到提高。因此，如果能够通过动物实验找到容易产生 LTP 的方法，那么我们就能从中获得改善学习方法的启发。

首先需要注意的一点就是，LTP 是神经元反复受到刺激后才产生的现象。如果只刺激海马体一次，是绝对不会产生 LTP 的，必须要反复刺激才行。

总而言之，反复刺激海马体的神经元，即"复习"是十分必要的。海马体神经元的这种性质，使得复习成了我们无法逃脱的命运。那种"不复习就想掌握知识"的心态，从脑科学研究的角度来看，也是要不得的。

不过，现在就心灰意冷还为时尚早。问题并不在于必须反复刺激（复习）这个既定事实，而是有没有什么方法能够最大限度地减少反复刺激的次数，这才是我们应该思考的。

实际上，减少反复刺激次数的方法是存在的。这种方法能更加简洁地引发 LTP 现象，通往高效学习方法的捷径也隐藏于其中。下面，我们就来看看这种方法中的两个秘诀吧。

脑心理学专栏 4 / 莫扎特效应

　　有一个词叫作"莫扎特效应"，指的是听了莫扎特的音乐后，能让人变聪明的现象。虽然听起来很像无稽之谈，但实际上这个效应是存在一定科学依据的，人们发表了许多相关的学术论文[1]。说起来，我也曾听说过这样的传闻，据说东京大学的学生在小时候学过乐器的人数比例要比其他大学高。虽然不知道是否和莫扎特效应有关，但我认为这是个很有趣的观察角度。

　　莫扎特效应是由美国威斯康星大学的弗朗西斯·劳舍尔教授发现的。研究表明，虽然莫扎特的音乐只能让人在不到 1 小时的时间内暂时性地变聪明，但效果却极其显著，能让实验参与者的 IQ 测试成绩提高 8 ~ 9 分。

　　这里必须注意的一点是，所听的音乐只限于莫扎特的曲子。巴赫的音乐可能多少也会有一点效果，但是其他的作曲家，比如肖邦或贝多芬的音乐就没有这样的效果了，而这也正是该现象被称为"莫扎特效应"的原因。劳舍尔博士对此做出了解释，认为

---

[1] Rauscher, F. H., Shaw, G. L. & Ky, K. N. Music and spatial task performance. *Nature* 365, 611 (1993).

莫扎特的音乐能够通过令人愉快的节奏和优美的旋律协调人的左脑和右脑，这正是产生该效应的关键所在。

大家在学习累了、需要休息时，不妨也去听一听莫扎特的音乐吧。我自己就经常会听内田光子演奏的钢琴协奏曲和钢琴奏鸣曲。[①]

3-2 童心是提高成绩的"营养素"

想减少为产生 LTP 而重复刺激海马体神经元的次数，第一个秘诀就是只有在某种特殊的脑电波出现时才刺激海马体。

---

① 对音乐与脑之间的关系感兴趣的读者，推荐阅读《音乐、语言与脑》（华东师范大学出版社，2011 年）。——编者注

提到脑电波，大家可能最先想到的就是 α 波和 β 波吧，毕竟电视节目和杂志上经常出现"当人处于放松状态时，人脑中就会产生 α 波"的说法。

不过，我们在这里要说的并不是 α 波和 β 波，而是一种叫作"θ 波"的脑电波，它的频率比 α 波和 β 波都要低。也许大家第一次听说这种脑电波，但是对于记忆来说，它可以说是最重要的一种脑电波了。

各种脑电波

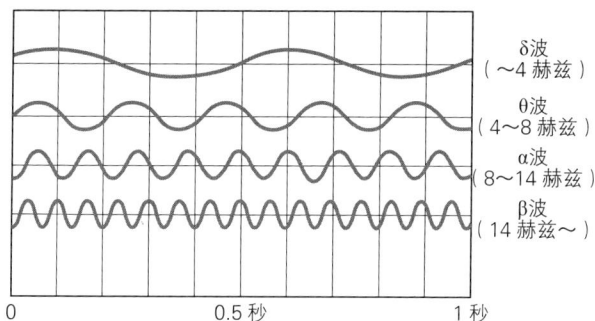

δ 波
（～4 赫兹）

θ 波
（4～8 赫兹）

α 波
（8～14 赫兹）

β 波
（14 赫兹～）

0　　　　　　　0.5 秒　　　　　　1 秒

θ 波是"好奇心"的象征。当我们第一次见到某种事物，或者第一次踏入某个地方时，脑中就会自然而然地产生 θ 波。换句话说，当人对什么东西感兴趣而打开好奇心之门，处于紧张、兴奋或者期待的状态时，θ 波就会出现；相反，当对千篇一律的事物感到厌烦、丧失兴趣的时候，θ 波就会消失。

有趣的是，当 θ 波出现时，即使刺激的次数很少，海马体中也能产生 LTP[①]。如果刺激得当，那么重复刺激的次数甚至可能减少 80% ~ 90%。也就是说，只要给予原来 1/10 次数的刺激就能得到同样的效果。

从以上事实可以看出，如果是自己感兴趣的内容，那么即使复习的次数很少也能记住。确实，与短板科目的知识相比，我们很容易就能记住自己感兴趣的对象，比如喜欢的歌手组合的成员的名字，或者喜欢的运动员的名字。这种记忆力增强的效果很有可能就是由 θ 波造成的。

由 LTP 的这个性质可知，我们对自己想要记住的内容抱有多大的兴趣，这一点是非常重要的。也就是说，如果我们觉得学习很无聊，那么最后就会在无形中增加很多次复习的次数，这样反而是浪费时间。

正如明明没有食欲却去吃东西会对健康不利，如果没有兴趣还去学习则有损记忆。

——达·芬奇（艺术家）

[①] Huerta, P. T. & Lisman, J. E. Heightened synaptic plasticity of hippocampal CA1 neurons during a cholinergically induced rhythmic state. *Nature* 364, 723-725 (1993).

如果觉得今天不在状态，怎么都提不起对学习的兴趣，那就稍微休息一会儿再试试吧。或者干脆早点睡觉，养精蓄锐以便明日再战。

不过，也许有人觉得学习本来就没什么意思，要是这么想可就大错特错了。虽说考试绝对算不上是什么令人高兴的事，但是如果不去想考试的话，那么无论哪门学科都应该有让人感兴趣的部分才对。

我相信，世间万物自有其深奥之处。人们常说"百谈莫若一试"，很多事如果只用眼睛观察是判断不出有趣与否的，必须亲自尝试后才能发现其中的乐趣，而且了解得越多就越能体会到其中的有趣之处。

> 人们受到的教育越多，好奇心就越强。
>
> ——卢梭（启蒙思想家）

因此，如果大家经常把"好无聊啊"这句话挂在嘴边，就相当于向世人宣告自己是一个无知的人。学习也是如此。即使在刚开始时感到无聊，也请大家稍做忍耐，坚持学习下去吧，只要坚持住就一定能发现学习的有趣之处。到那时，我们的脑中自然就会出现 θ 波了。

畅销书作家韦恩·戴尔[1]曾这样说："一个人在早上醒来后，首先想到的是'很好，新的一天开始了'，还是'哎，怎么又要起床了'，完全取决于他的心态。"确实如此。学习也和心情有关，我们要像孩子一样，无论在何时都应该保持一颗易受感动的心。包含好奇心和憧憬心的"童心"，正是促使 θ 波出现的重要因素。

脑心理学专栏 5 / 乙酰胆碱

发明出能让人变聪明的药一直是人类美好的憧憬。如果只靠吃药就能提高人的记忆力，那该有多好啊。

人类从很久以前就打起了对大脑有利的食品和药物的主意，并为此进行了各种尝试，其中最具代表性的就是推出能补充 DHA[2] 的产品。但是这些尝试反而证明，没有什么物质能在让大脑变聪明这一方面起到决定性的作用，所以大家还是不要过于相信这类信息比较好。

相反，能让人脑机能变差的药物却出乎意料地多，比如能抑制人脑中乙酰胆碱（ACH）发挥作用的药物。乙酰胆碱是产生 θ

---

[1] 自我实现领域的知名国际作家和演说家，著有多部畅销书，其中影响最大、最为成功的一本名为《你的误区》，是长销不衰的经典之作。——译者注

[2] 二十二碳六烯酸，是人体中必不可少的一种不饱和脂肪酸，俗称"脑黄金"。——译者注

波的根源，具有激活海马体以保持意识清晰、提高记忆力的作用。

其实在大家身边有很多能抑制乙酰胆碱发挥作用的药物，比如几乎每个人都吃过的感冒药、止泻药或晕车药等。想必大家都有吃过感冒药后脑袋发晕、很想睡觉的经历吧？这就是人脑中的乙酰胆碱被抑制的证据。所以，如果我们明明在考试前没有感冒，却"以防万一"提前服用了感冒药，那么面临的结果可能会很悲惨。

当然，我们也不能因为过于在意副作用而拒绝吃药，最终导致病情恶化，这样就是本末倒置了。无论哪种药物都有副作用，一味地害怕并不能解决问题，在了解副作用的基础上正确服药才是最重要的。

如果考试前不得不服用感冒药或者止泻药，那么可以在买药时咨询一下，让药剂师帮我们选择那些不含有抑制乙酰胆碱成分的药物，这样就能安心地去考试了。

在这里要顺便告诉大家，能抑制乙酰胆碱发挥作用的成分中，最有名的两种就是东莨菪碱（scopolamine）和苯海拉明（diphenhydramine），大家也可以看看手头的药品里是否含有这两种成分。

3-3 所谓回忆

在前文中我曾提到，减少刺激海马体次数的第一个秘诀是 θ 波。此外，还有一种能十分有效地引发 LTP 的方法，那就是激活人脑中名为"杏仁核"的神经元聚集组织。这种现象是由我在世界范围内率先发现的①。

杏仁核紧邻海马体，虽然只有人类小指的指甲那么大，却担当

---

① Nakao, K., Matsuyama, K., Matsuki, N. & Ikegaya, Y. Amygdala stimulation modulates hippocampal synaptic plasticity. *Proc Natl Acad Sci USA* 101, 14270-14275 (2004).

着十分重要的角色：产生喜悦、悲伤、焦虑等情绪。如果说海马体是记忆的工厂，那么杏仁核就是情绪的工厂。激活杏仁核也容易引发神经元的 LTP。换言之，人在情绪高涨时会更容易记忆。

这么一说，在那些我们仍然能清楚记得的往事里，的确有一大部分都交织着某种情绪，比如快乐或者悲伤的事。我们把这样的记忆称为"回忆"，并将其珍藏在心中。而回忆的本质就是被激活的杏仁核引发了神经元的 LTP。

请大家都来想一想，为什么相对于其他记忆，回忆能更深刻地印在人脑之中呢？它是如何被判定为必要信息的呢？难道是因为它在我们的日常生活中具有重要意义吗？

只观察近现代人类的生活是无法获知答案的，我们必须要追溯生物的演化过程，回到野生动物还在山野间奔跑的时代，考察它们所经历的原始生活。激活杏仁核后提升记忆力这一现象，对于动物来说，具有关乎其生死存亡的重大意义。

与生活在现代城市里的人类不同，生活在大自然中的动物经常会面临生命危险。除了要经历许多可能会丧命的恐怖威胁，还要时刻担忧能否找到充足的食物来源。为了高效地躲避危险，动物必须要将遇到天敌时的恐惧感，以及好不容易才找到的觅食地点都深深地记忆在脑中。

　　能不能把这些信息非常迅速地，即以很少的复习次数牢牢记住，对于动物而言是生死攸关的重大问题。为此，"以情绪为辅助来促进记忆"的策略就应运而生了。因此，脑才慢慢具备了这样一种机制：和杏仁核被激活后产生的情绪密切相关的经历，可以被记得很牢。

　　这种在演化过程中逐渐培养出来的特殊记忆力至今仍残存在人脑中。"制造回忆"这种听起来让人心中一暖、人情味儿十足的说法，其实不过是自然界残酷的生存战争所遗留的余音。

经验谈　4 / 记忆天才的秘密

　　我有一个考上了东京大学理科三类①的朋友，那家伙是个记忆的天才。有一次他看到了日本历史年表，突发奇想地要去背诵天皇的名号。结果，他竟然在 2 小时之内把 125 代天皇的名号全都记住了，然后又用了不到一分钟的时间在大家面前一个个地背了出来：神武、绥靖、安宁、懿德、孝昭……

---

① 日本东京大学的理科专业分为三类，其中理科一类包括工学部和理学部，理科二类包括农学部和药学部，理科三类指的是医学部。东京大学的理科三类是日本录取难度最大的专业。——译者注

当时，大家都纷纷感慨"这家伙简直不是人""完全不想和这种强人一起竞争"什么的。但是后来我曾偷偷问他为什么这么擅长记忆，他的回答竟然只是："因为背东西让我特别快乐。"

我第一次碰到这种觉得背东西很快乐的人，虽然他的确是个怪人，但也值得我去学习。之前，我一直觉得背东西是让人特别讨厌、特别痛苦的事，直到那时才幡然醒悟。（东京大学·一年级）

杏仁核和隔区

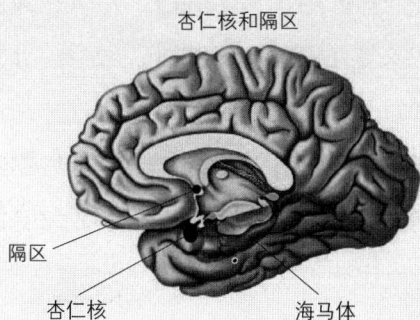

隔区

杏仁核　　　　　　海马体

作者之见

包括学习和背诵在内，如果某件事能让你觉得快乐，那么那件事就是最棒的。在杏仁核和伏隔核等部位产生的快乐、舒畅等情绪，都能使大脑高度觉醒，从而提高人的积极性和注意力。此外，快乐的情绪还能刺激人脑中的隔区，促使海马体产生 θ 波，进而提升人的记忆力。总之，这种积极的情绪好处多多。

大家可以把背东西的过程想象成是往一个小瓶口的塑料瓶里灌水。虽然塑料瓶容量很大，但是由于它的瓶口很小，所以假如直接用水桶往里倒水的话，可想而知，大部分的水都会洒到塑料瓶外浪费掉，这样储水的效率就很低了。人的记忆也是如此。如果一次性地把大量的信息都硬塞进脑中，我们真正能记住的内容其实是非常少的。

但是，不用水桶而用杯子，或者借助漏斗就能高效地储水了。同理，背东西时也有一些小窍门。如果你的身边刚好有一个记忆天才，那么请一定不要错过机会，认真地向他请教吧。没有窍门是不可能一下子就记住那么多内容的。

不过，真正重要的其实并不是"记住"这件事，而是如何将积累的知识和技巧灵活地应用于我们今后的人生中。这一点还请大家铭记于心。

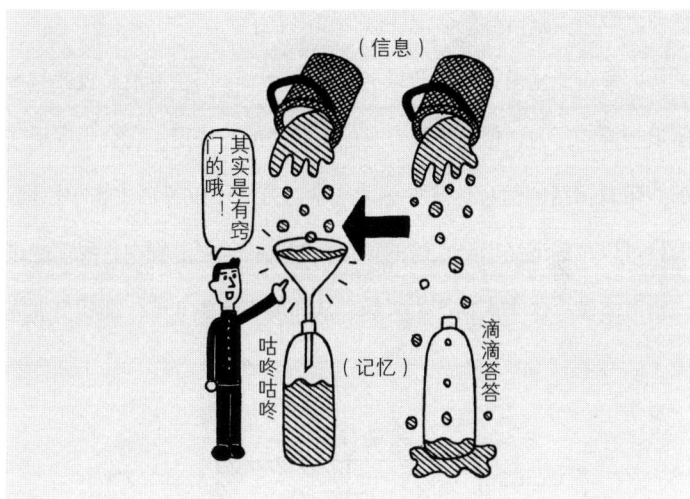

3-4 感动式学习法

利用杏仁核提升记忆力，这是动物在演化过程中逐渐培养出来的能力，其效果十分强大，我们一定要对此多加利用。

比如说，"1815年，拿破仑被流放到圣赫勒拿岛"这个知识点，我们来试试不死记硬背，而是带有感情地记忆吧。请设身处地地想象一下，经历过种种作战后仍然失败了的拿破仑，还要被流放到荒岛上，这是多么悲惨的境地啊。如果换做是我们自己遭受了这样的不幸，心中又会是何等的万念俱灰。像这样有感情地代入历史情节之中，大脑自然就会记住这个知识点了。

　　大家可能觉得，对着教科书上的内容——伤感流泪简直就是像傻瓜一样的行为，但是人脑自身的机制又的确决定了它会牢牢记住那些带有情绪的信息。这种感动式学习方法不仅符合生物学原理，而且可以减轻记忆带给人脑的负担。如果在记忆过程中，我们能进一步对拿破仑这个人物产生兴趣，从而使脑产生 θ 波，那就更加完美了。

　　说起来，大家身边应该也有那种平时怎么背也记不住，一到考试前却能一下子记住大量知识的人吧？这可能就是因为他们对考试的焦虑情绪以及随之产生的危机感激活了杏仁核，使记忆力得到了

爆发性的提升。当然，这种"特效"并非对每个人都能起效，所以大家最好不要轻易地认为自己也能做到哦。

此外，我在前文中也曾提到过，临近考试才往脑中硬塞知识是有很多缺点的。即使勉强塞进去了，那些知识也很快就会消失，这种行为还会带来其他的不利影响。

这种不利的影响就是"压力"。LTP无法承受压力，在面对逃避不开的压力时就会减弱。[1]换句话说，记忆力会因为压力而下降。所以从这个角度来看，临阵磨枪的复习方式是非常不合理的。

但是另一方面，如果在距离考试很久之前就开始精心制订复习计划，拟订了时间过于充裕的日程表，这也不见得是一件好事。因为缺乏紧张感、提不起干劲的状态对记忆也没什么益处。

正如大文豪莎士比亚曾经写过的那句台词一样：你们都知道，安全是人类最大的敌人。[2]大家在学习时，不要总是千篇一律，而要保持适当的紧张感，同时灵活应用能让神经元产生LTP的两个秘诀——θ波（兴趣）和杏仁核（情绪）。这样一来，我们的学习效率就会得到非常大的提升了。

---

[1] Shors, T. J., Seib, T. B., Levine, S. & Thompson, R. F. Inescapable versus escapable shock modulates long-term potentiation in the rat hippocampus. *Science* 244, 224-226 (1989).

[2] 出自《麦克白》第三幕第五场，原文为"And you all know, security is mortals' chiefest enemy"。根据语境，security一词也可以翻译成"自信"。——译者注

经验谈　5　/　考试恐惧症

　　我在参加小升初的考试和中考时都没发挥出正常水平，所以我现在很努力，想着无论如何也要培养出能考上大学的实力。但是，不管我怎样努力，也不管我模拟考试的成绩有多好，一想到最后要参加正式的高考，我就觉得自己肯定考不好。

　　我哥哥和我正好相反。他在中考和高考前的模拟考试中都只拿到了 D 档的成绩，最后却顺利考上了高中和大学。哥哥一直在练习棒球，所以他这样说道："我把正式的入学考试当作甲子园的棒球赛，这场比赛能检验我三年间流血流汗、辛苦练习的成果，这样一想我就特别期待考试的日子能快点儿到来。我就是抱着参加甲子园棒球赛的心情去考试的，最后甚至能在考场上想起很多知识点。"我真是羡慕他的性格啊！（高二·千叶）

作者之见

　　最重要的是转换思维，虽然这并非是在一朝一夕间就能做到的。或许你可以试着先从与学习无关的方面着手，逐渐启发自己的乐观思维。

　　另外，对于容易怯场的人来说，积累实际经验是一剂良药。也就是说，除了模拟考试，你还应该尽可能多地参加其他考试，多积累经验。报志愿时不要只填一所大学，最好多填几所，每所大学的招生考试都参加。此外，除了这些和高考相关的模拟考试，你还可以积极挑战"实用英语技能鉴定"等资格考试，掌握适合自己的、能在正式考试中不怯场的心理建设方法。

　　顺便一提，有研究表明，如果把考试前的不安心情写出来，紧张的情绪就能得到缓解[①]。在相关实验中，当参与者在考试前10分钟内，具体地写出让自己感到不安的考试内容、描述出自己不安的状态后，他们紧张的情绪就得到了缓解，最后的考试成绩甚至还提高了10%。当然，如果写下的是与考试无关的事是不会有

---

① Ramirez, G. & Beilock, S. L. Writing about testing worries boosts exam performance in the classroom. *Science* 331, 211-213 (2011).

什么效果的。所以，把不安的情绪真诚地吐露出来是很重要的，请容易怯场的人一定要尝试一下。

同时还需要注意考试时的坐姿。相关实验结果显示，即使是做相同的事情，挺胸抬头也比弯腰驼背让人更自信。[1]

总之，重点是要有自信。当然，真正对自己感到自信的人并不多，但其实自信并不需要十足的把握或依据，只要一个劲儿地暗示自己"我可以做到"就行了。这也是运动员们常常使用的心理战术。

3-5 狮子记忆法

在本章的最后一节，让我们以一种略微独特的视角来了解一种增强记忆力的方法，大家可以将其轻松地应用到学习过程中。

我将其称为"狮子记忆法"。了解这种方法的前提是大家要意识到，我们在成为人类之前首先是一种动物，而动物在演化过程中逐渐培养出了"记忆力"这种能力，这种演化痕迹至今仍残存在人脑中。

那么，请大家想象自己是一头狮子。对于生活在草原上的狮子们来说，记忆力在什么时候能派上用场呢？这样一想，大家应该自

---

[1] Briñol, P., Petty, R. E. Wagner, B. Body posture effects on self-evaluation: A self-validation approach. *Eur J Soc Psychol* 39, 1053-1064 (2009).

然就能明白我们该怎样做才能提升记忆力了。下面，我将举出3个例子对此进行具体说明。

对于动物而言，"饥饿"是一种危险状态。俗话说，"饿着肚子打不了仗"。这恐怕是很久以前，在食物供给无法得到保障的时代，从战场上流传下来的俗语。要是放在能吃饱饭的现代社会，我想可能没有人会对此产生共鸣。

狮子如果觉得肚子饿了，就会去狩猎，而狩猎时也正是需要发挥记忆力的时候。实际上，相关研究发现，肚子饿的时候记忆力会较强，当然过于饥饿的状态也不行。我们最好让脑处于能感到适度危机的状态，比如早、中、晚饭前的时间就很合适。

大家放学回家后到晚上睡觉之前，学习时间是怎么安排的呢？似乎绝大多数人都是先悠闲地度过晚饭前的那段时间，然后吃完晚饭才开始学习。但只要我们想想狮子狩猎的例子就能明白，晚饭前的饥饿时间才最适合学习。

如果要解释得稍微专业一些，那就是当肚子饿的时候我们的胃会分泌一种名为食欲刺激激素（ghrelin）的饥饿激素。这种饥饿激素能随血液循环进入海马体，促使海马体神经元产生LTP。[1] 相反，

---

[1] Diano, S. *et al*. Ghrelin controls hippocampal spine synapse density and memory performance. *Nat Neurosci* 9, 381-388 (2006).

在吃饱后不仅饥饿激素的水平会降低，而且血液还会相对集中于胃部和肠道，这往往会导致脑的活动水平降低。正如狩猎后吃饱了的狮子会在树荫下睡觉一样，人类在吃饱后也会犯困。

另外，狮子在狩猎时经常会来回走动或跑动。来回走动时海马体会自动产生 θ 波，[①] 这样一来，记忆力也得到了提高。可以说，"走动"是提高记忆力的开关。

我想应该有人已经注意到了吧，一边走动一边背东西会比较容易记住内容。我在高中时就曾一边围着餐桌转圈一边背英语单词或者历史年号，当时觉得这样背诵的效率要比坐在书桌前高很多。现在一想，其实那就是 θ 波带来的效果吧。不过请大家千万注意，不要跑到马路上去一边走一边背，因为那样很可能会发生交通事故。

从动物实验的数据来看，虽然自己走动时 θ 波最容易出现，但是就算自己没有亲自走动，比如乘坐交通工具移动时 θ 波也会出现。也就是说，即使你只是在公交或地铁里随着车的行进而晃动也没关系，只要脑能感知到正在移动的状态，就会产生 θ 波。

最后，除了饥饿状态和走动之外，根据狮子记忆法，我们还

---

① Buzsáki, G. Two-stage model of memory trace formation: a role for "noisy" brain states. *Neuroscience* 31, 551-570 (1989).

可以推测出房间的温度也会对记忆力产生影响。动物在感到寒冷时会产生危机感，因为它们本能地知道，到了冬天就难以捕捉到猎物了。所以在温度略低的房间里学习可以提高效率，夏天在空调冷气较强的房间、冬天在暖气不太充足的房间里学习比较好。因此，我并不建议大家在高考^①前的最后一个新年假期中，坐在暖桌前把脚伸进被子里，一边喝着热茶一边舒舒服服地进行高考冲刺复习。

另外，较高的室温不仅会减弱人的危机感，还会影响脑的血液循环，从而降低我们的思考能力。正如有一句老话是"头凉脚热"，如果不让头部的温度相对低一些，人脑就很有可能无法顺利工作了。

综上所述，通过狮子记忆法，我们可以推测出饥饿、走动和降低室温这3种能提高记忆力的技巧。大家也可以试着将其应用到生活中的各个领域，也许会惊人地有效。另外，如果大家有谁想到了更好的方法，也请务必告诉我。这些方法都利用了动物在漫长的演化过程中培养出来的特性，其效果应该是有所保证的。

---

① 日本的高考一般在一月末到二月初进行。——译者注

不是已经和你讲过
狮子记忆法了嘛!

咔嚓

热乎乎

脑心理学专栏　6　/　情绪唤醒

　　回想过去大家也许会发现，我们大部分的记忆都交织着快乐
或者痛苦等情绪，这就是所谓的"回忆"。在人脑深处有两个呈
杏仁状的神经元聚集组织，我们将其命名为"杏仁核"。人类所
具有的喜怒哀乐等情绪都是由杏仁核产生的。当杏仁核的活动使
得情绪被激发时，人脑产生的神经信号就会制造出回忆。也就是
说，当我们产生喜怒哀乐等情绪时，当时的记忆能被很容易地保
留下来，这也意味着充分利用杏仁核就能帮助我们加速记忆。

　　然而，杏仁核的作用远不止于此。人脑中的杏仁核被激活后，不仅会使人的记忆力提高，也会使注意力得到提升。这是因为杏仁核在向前额叶皮质（大脑皮质的一部分）传递了神经信号的同时，维持着人对事物的注意力。换句话说，对于能够调动自己情绪的事物，人们不会容易感到厌烦。无论是电影还是小说都是如此，只要是能让人感动的作品，我们都能坚持看到最后。这种效果就叫作"情绪唤醒"（emotional arousal）。

　　也就是说，为了让自己不厌烦学习并且坚持学习下去，我们需要在调动情绪上多下些功夫。例如在利用谐音进行背诵时，可以想一些有意思的双关语或者冷笑话，甚至也可以联想一些稍微"不正经"的内容。在自己看过的那些参考书中，我想要推荐的是（可能）很有名的《古文词汇 513》①。这本书不仅内容不错，而且也很适合用来实际体验情绪唤醒的效果。

---

① 这是一本通过漫画和搞笑谐音的形式教人如何记忆日语古文词汇的参考书。——译者注

第 4 章

不可思议的睡眠

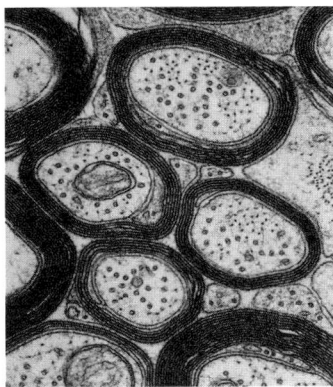

神经纤维的剖面图

4-1 睡觉也是学习的一部分

在前文中，我曾多次强调了复习的重要性。大家肯定觉得复习就是要努力地反复记忆吧？其实不然，有一种惊人的复习方法是不用努力也可以掌握的，那就是睡眠。在我们睡着的时候，脑其实也正在不知不觉地进行复习呢。

根据研究结果可知，如果我们在某一天学习了新的知识，那么当天最好能有充足的睡眠。相反，如果一夜没睡，那么刚刚学到的知识很快就会从脑中消失。

这样说来，那些在考试前一晚通过熬夜才勉强背下来的知识，确实很快就会被忘得一干二净，并没有被我们真正地掌握。虽说如果不是被逼无奈没人会想熬夜，但在这里还是希望大家能充分认识到，睡眠对于学习来说有多么重要。

问题的关键还是在于海马体。可能大家会觉得有些意外，其实当我们做梦时，海马体也正在积极地活动着。

如果说"梦是记忆的回放"，我想大家对此可能没有什么概念，也许还会有人这样反驳："那些稀奇古怪的，或者宛如置身神话世界一般的梦，可是和现实一点儿关系都没有哦。"那么，大家有谁梦见过自己在流利地说着古希腊语吗？我想应该没有，因为大家的头脑中并不存在古希腊语这种信息，而不存在于人脑中的事物，无论是多么奇妙的梦境都无法制造出来。

也就是说，所谓的"梦"，其实就是由人脑中各种各样的信息和记忆的片段相互组合而形成的。有研究人员认为，人之所以会做梦，就是为了不断探索这些片段的组合是否有什么意义。

我们在短短的一个晚上就能做大量的梦，梦中出现的所有场景都来自于海马体中的信息和大脑皮质中的记忆。起床后仍然能想起来的梦仅占全部梦境的一部分。只有当我们做了特别怪异的梦时，才会在脑中留下"啊，这个梦可真奇怪"的强烈印象，从而让我们在睡醒后还能清晰地记得梦的内容。

在我们睡着时，脑会以各种形式整合信息，然后检查信息的一致性并"整理"过去的记忆。海马体就是在此时对信息进行审查，判断这些信息是否必要。因此，如果不睡觉，就相当于不给海马体整理并选择信息的机会。结果也可想而知，那些因为海马体来不及整理而杂乱无章的信息最终会被全部抛弃。

要想让知识记得更牢固，就必须重视睡眠。有些人每次都只在临近考试前才熬夜学习，像这样剥夺睡眠的时间是无法积累学习能力的。记忆只有长久地保存在头脑中才有意义，即使靠熬夜的临阵磨枪取得了不错的成绩也只能应付一时而已。

通过减少宝贵的睡眠时间来换取好成绩，这种想法从长远来看毫无意义。要想不辜负自己为学习所付出的努力，就必须制订一个既能完成学习任务又能保证睡眠时间的学习计划。

学习的基本要求是"记住自己能记住的所有知识，切实掌握自己能理解的全部内容"。做到这点之后，就果断地去睡觉吧，剩下的工作都交给海马体。总之，此时的铁则就是"好好睡觉，期待海马体大显身手"。除了睡觉以外其他什么事都不用做，这不是很轻松吗？

经验谈 6 / 生物节律与高考

因为不喜欢那种被时间追着跑的感觉，所以我以前总在节奏比较慢又很安静的深夜里学习。不过，由于高考是在白天，而且要从一大早就开始，所以我下定决心要转变成早起学习的类型。刚开始的时候我总是犯困，只好先用冷水洗脸再喝下一大杯水后才开始学习。

一段时间过后，我的身体和头脑都习惯了新的节律，早起学习也变得顺利起来了。在参加入学考试的前一周，我还专门配合考试时间前往考场进行了实地体验。就这样，考试当天我觉得一切都很顺利，并没有在调整自己的状态上多费心思。

每个人都有自己的生物节律。让我感到意外的是，一个人能否在高考中取得成功，除了实力，更与其自身的生物节律有关。我甚至觉得，如果在生物节律达到高峰时参加高考，那么这个人就能顺利地考上理想的大学；反之，如果在生物节律处于低谷时参加高考，那么即使报考的是原本能考上的大学，最终也很有可能落榜。（高三·香川）

作者之见

　　科学证明生物节律的确存在。大家如果关注体育赛事就能发现，即使是再优秀的运动员也一定会有低潮期。人的状态会在好与不好之间波动，这种生物节律的波动大致是呈周期性变化的。

　　根据周期的长短，生物节律可以分为很多种：有以秒为周期的节律，比如眨眼、心脏跳动、呼吸的节律等；有白天活动晚上睡觉，即以 24 小时为周期的昼夜节律；有以一个月左右的时间为周期的月节律，例如女性的生理周期；还有类似于"一到秋天就食欲旺盛"这样的年节律。这些节律的产生都可以用脑的机制来说明。

　　如果一个人所有节律的高潮期都重叠在一起，那么在这个高潮期内，这个人往往做什么都能超水平发挥。一些备战奥运会的选手还会专门对此进行训练，希望在四年一次的体育盛会上，自己各种节律的峰值都能重合。

　　那么，超水平发挥的关键到底是什么呢？当然就是准确掌握自己的生物节律了。对于"学习"这一行为而言，最重要的节律肯定就是昼夜节律。如果昼夜节律的变化和考试的时间段配合得不好，那么结果就可能很糟，也许自己的实力还没充分发挥出来，考试就已经结束了。调整自己的昼夜节律，比如像经验谈中的这位同学一样变成早起学习，在刚开始时肯定会因原来的节律被打乱而感到不习惯。这时，我们可以通过用凉水洗脸、待在有阳光照射或使用日光灯的环境中等方法，帮助自己调整节律。

另外，这位同学在经验谈中提到了"在参加入学考试的前一周，我还专门配合考试的时间前往考场进行了实地体验"。虽然这一点和生物节律无关，但也是一种非常有趣的技巧，因为这种技巧利用了人脑的预测功能。像这样进行了预演后，人脑会无意识地开始"排练"，这样在考试当天就能减少答题以外的其他事所带来的精神压力了。

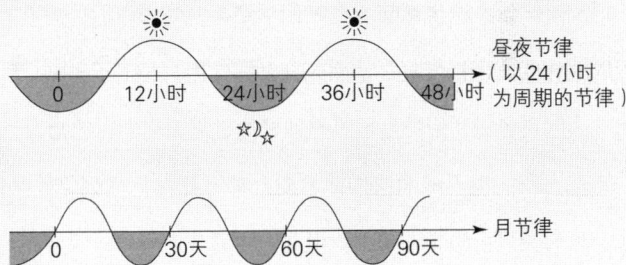

4-2　梦能培养学习实力

前面我为大家讲解了睡眠，特别是做梦的重要性。其实对于人脑而言，"做梦"还发挥着其他重要的作用。

不知大家是否有过以下这些奇妙的经历：学过的内容在过了一段时间后，理解得更为深刻了；之前怎么也想不明白的知识突然在某一天恍然大悟就理解了；练钢琴时有一段曲子总也弹不好，一赌气之下就去睡觉了，第二天早上起床后再弹，居然能流畅地弹出来了，等等。

这种不可思议的现象叫作"记忆恢复"（reminiscence）。出现这种现象，说明在我们睡着的时候，大脑中的信息得到了很好的分类整理。也就是说，做梦时我们的记忆能得到巩固，就像葡萄酒一样，在沉睡中逐渐熟成了。

但反过来说，这也意味着在我们学到某些知识以后，需要等待一段时间才能让记忆恢复，从而充分发挥作用。相对于刚刚记住的知识，人脑更容易利用的是已经整理好的、几天前学习的知识。

当然，我们也不能就这样把希望全都寄托在记忆恢复效果上，变成一只每天只会睡觉的懒虫。但要想更高效地学习，保持充足的睡眠还是很重要的。

脑心理学专栏 7 / 快速眼动睡眠

其实人的睡眠也是有节律的，只是可能因为我们已经睡着了，所以没怎么意识到这一点。人的睡眠过程一般由浅睡眠和深睡眠呈周期性反复交替进行，一个周期大约持续 90 分钟。当人处于浅睡眠期时，虽然本人已经睡着了，但是眼球会无意识地快速转动，这种睡眠状态叫作"快速眼动睡眠"（rapid eye movement sleep, REMS）。也有研究人员认为，眼球之所以会快速转动，就是因为睡着的人正在做梦。

当我们睡着时，浅睡眠和深睡眠会反复交替多次（一般为 4 ~ 6 次）。一旦达到了充足的睡眠时间，我们就会在浅睡眠期结束时自然地醒来。但是如果在深睡眠期被闹钟强行叫醒，那么醒来后我们的心情就会变得非常糟糕，精神也会比较恍惚，而且这种意识模糊不清的状态会持续一整天，让人非常难受。如果这样的状况发生在考试当天，那可就太糟糕了。

为了能头脑清醒地度过一整天，最稳妥的办法就是让自己能在适当的时间醒过来。每个人的睡眠周期都不相同，因此把握好自己的节律非常重要。当然，平时也要注意建立并维护好正常的睡眠节律，尽量每天都在同一时间睡觉、同一时间起床。

目前，市面上有一些能通过监测睡觉时的翻身时间等指标来测定睡眠周期，同时带有起床闹钟功能的手环出售，大家可以买一款试试。此外，手机上一些具有类似功能的 App 也很方便，例如 Sleep Cycle alarm clock 等。

睡眠时间为 6 小时的情况

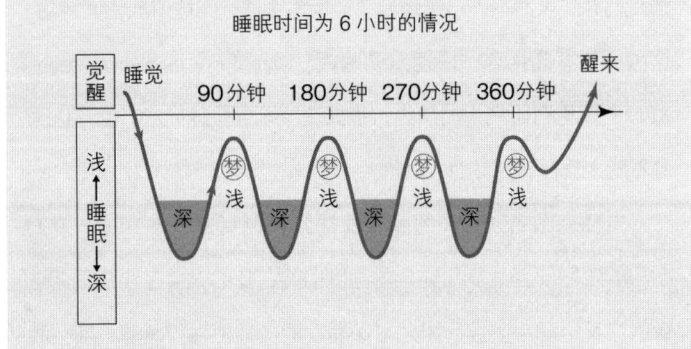

4-3 睡眠和记忆

我曾在上一章中提到，θ 波能促使人脑产生 LTP，对记忆大有裨益。有趣的是，脑在白天产生的 θ 波并不一定很强。θ 波强度最大的时间段，其实是在夜晚入睡之后，特别是当我们处于浅睡眠状态的时候。

　　针对睡眠和记忆间的关系，曾经有人做过这样一个实验[1]：让参与者先参加一次语言学方面的测试再学习相关知识，然后再次进行测试，比较前后两次测试成绩的变化。

　　如果参与者认真学习了相关知识，那么第二次测试的成绩当然会比第一次测试时的高。不过，如果先让参与者在学习后按照平时的习惯入睡，等到第二天早上再进行测试的话，可以发现这次测试取得的成绩比在学习后直接参加测试取得的成绩还要高。

　　知识量的增加导致了成绩的提高，这是理所当然的事。可是睡觉应该不会让知识总量再增加了才对，为什么成绩反而能提高更多呢？这大概是因为那些刚被塞入脑中的知识其实都还处于杂乱无章的状态，人脑无法立即使用它们吧。这种状态下，再宝贵的知识也不过是"英雄无用武之地"罢了。

　　对人脑中杂乱无章的知识进行分类整理，使之转变为"可用"状态，这正是睡眠的作用之一。睡觉虽然不能增加知识的"量"，但却可以改变知识的"质"。在这个实验中，正是因为人脑在参与者睡觉时将知识转变成了能被其有效利用的形式，所以才会出现"在第二天早上的测试中取得的成绩更高"这种不可思议的现象。

---

[1]　Fenn, K.M., Nusbaum, H. C. & Margoliash, D. Consolidation during sleep of perceptual learning of spoken language. *Nature* 425, 614-616 (2003).

记忆通过睡眠而得到整理

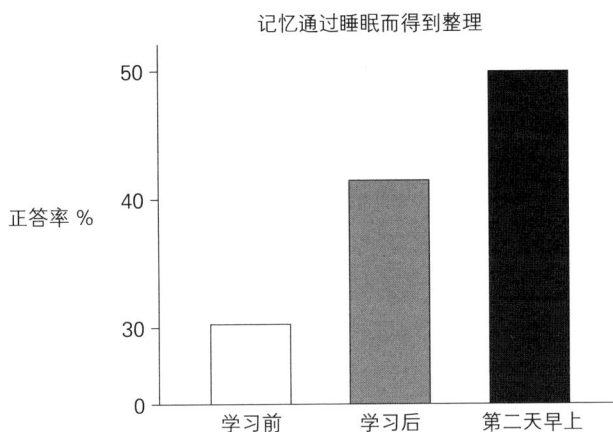

不仅如此，睡眠还能使人灵光乍现。[1] 如果在前一天晚上大致看了一遍题目再睡觉，那么第二天早上答题时，脑海中闪现新思路的概率就会高很多。因此，在睡觉前把题目过一遍也是一种很重要的学习技巧。

顺便一提，不仅夜晚的睡眠具有巩固记忆的效果，午睡也同样有效。[2] 如果时间允许，大家可以试着在结束上午的学习后睡一个午觉，半小时左右即可。

有些人本来在考试前就紧张得睡不着，现在又知道了睡眠的重

[1] Wagner, U., Gais, S., Haider, H., Verleger, R. & Born, J. Sleep inspires insight. *Nature* 427, 352-355 (2004).

[2] Mednick, S., Nakayama, K. & Stickgold, R. Sleep-dependent learning: a nap is as good as a night. *Nat Neurosci* 6, 697-698 (2003).

要性，压力可能反而变得更大了，可能会担心自己一直睡不着会让好不容易记住的知识无法得到巩固。请大家放心，睡眠发挥作用的重点并不在于"睡着"，而是在于要"停止向脑输入信息，给脑整理信息的时间"。实际上，即便人处于清醒状态也不要紧，只要安静地待着，海马体就会开始整理信息。[1]

因此，仅仅是在安静的房间里闭上眼睛放空自己，就能达到和睡觉一样的效果。[2] 很多失眠的人都苦于无法入睡而变得焦虑不安，其中一些人在实在无法忍受这种痛苦时，往往会起身去看电视或者读书，以此打发时间。其实这样做是不正确的，因为信息一旦进入人脑，这段清醒的时间就达不到和睡眠时间相同的效果了。

所以，请大家就算睡不着也不要看电视或看书，把房间内的灯光和音乐都关掉，就这样躺在被窝里等待天亮吧。不要在意自己睡不睡得着，只要让脑安静地工作就好了。有些失眠的人正因为抱有一种"睡不着也没关系"的心态，精神压力反而得到了缓解，最终竟然能自然而然地睡着了。

最后要提醒大家的是，边睡觉边听录音的所谓的"睡眠学习

[1] Karlsson, M.P. & Frank, L. M. Awake replay of remote experiences in the hippocampus. *Nat Neurosci* 12, 913-918 (2009).

[2] Gottselig, J. M., *et al.* Sleep and rest facilitate auditory learning. *Neuroscience* 127, 557-561 (2004).

法"其实并没有什么效果，所以还是不要去打扰在我们睡觉时仍然努力工作的脑比较好。

脑心理学专栏　8 / 恢复精神和注意力

　　曾经有人这样咨询过我："如果一直以同一种姿势聚精会神地学习，精神很快就开始涣散了，无法集中注意力，这时该怎么办呢？"此时，我们不妨试着稍微活动一下身体，或者听几分钟音乐来恢复精神。

　　在这里，我想向大家介绍一种自己使用的、能提高注意力的方法，我将其命名为"鸡蛋法"。刚开始使用这种方法可能需要花费 3 分钟，习惯后只要 30 秒左右就能完成了。

　　首先，请大家闭上双眼，想象自己正头戴一顶尖尖的三角帽、手里拿着一个水煮蛋。接着，将水煮蛋轻轻抛起，用另一只手接住，然后再次抛起，用最开始抛水煮蛋的手接住。就像这样，把水煮蛋在两手间来回抛接数次后，请再尝试着用自己的惯用手将水煮蛋轻而稳地放在帽尖上。成功后，一边将注意力集中在水煮蛋上，一边缓缓睁开双眼，此时注意力应该就能集中在眼前的书桌上了。一旦我们习惯了使用这样的方法，就可以省略反复抛接的环节，直接将水煮蛋立于帽尖即可集中注意力。

另外，如果在视野中出现了"加油""非常棒"等积极向上的鼓励语，即使本人没怎么意识到，也能实际地起到鼓舞人心的效果。[①] 所以，如果在书桌前贴上"我一定会成功考上大学!""目标: ×× 大学!"等标语，也许能收获不错的效果呢。

4-4　学习需要持之以恒

下面就让我们来了解两种能够有效利用睡眠发挥效果的学习方法。

相信很多人都有考试前临阵磨枪的经历吧。请大家先思考一下这个问题: 临阵磨枪到底有没有用?

---

① Aarts, H., Custers, R. & Marien, H. Preparing and motivating behavior outside of awareness. *Science* 319, 1639 (2008).

其实在记忆研究领域中，我们用专业术语"集中学习"代指"临阵磨枪"的学习方法，"集中"一词表示这种学习方法要在短时间内一股脑地学完所有内容。与之相反，每日持之以恒的学习方法则被称为"分散学习"。这里的"分散"并不是指注意力不集中，而是指将学习活动分散在不同的时间段进行。

那么，哪一种学习方法的效率更高、记忆效果更好呢？

为了解答这个问题，研究者进行了以下实验[①]：将参与者分为两组，分别进行分散学习和集中学习，在学习的总时长相同的前提下，让两组参与者记忆相同的词组并进行测试。两组的区别在于，集中学习小组在测试的前一天一口气儿学完了所有词组，而分散学习小组则在测试前分两天来学习词组。

那么测试结果如何呢？令人惊讶的是，两组取得的分数基本相同。也就是说，从"测试成绩"的角度来看，无论采用哪种学习方法都差不多。

但是，如果在第一次测试过后的第二天再次进行测试，两个小组之间就出现分数差了。

第二次测试是突击测试。由于没有事先告知，两组参与者都没有做任何准备，因此测试分数普遍有所下降，但分数下降的程度却

---

① Litman, L.& Davachi, L. Distributed learning enhances relational memory consolidation. *Learn Mem* 15, 711-716 (2008).

有所区别。从第二次测试的结果中我们可以看出，分散学习小组的遗忘速度较慢，而一股劲儿地学完所有词组的集中学习小组，很容易把这些词组一股脑地忘记。

两组的测试结果之所以会产生这样的差异，就是因为分散学习小组在为期两天的学习过程中有过一次睡眠，所以记忆得到了巩固。

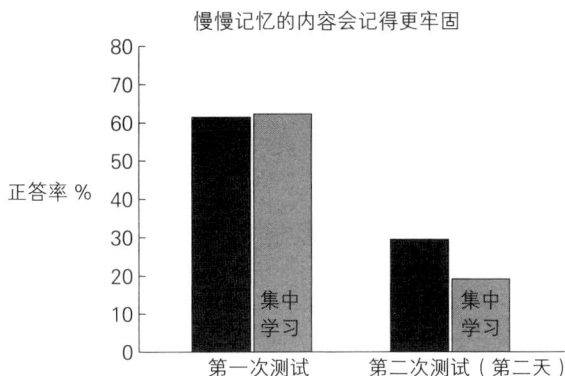

慢慢记忆的内容会记得更牢固

正答率 %

	第一次测试	第二次测试（第二天）
分散学习	约61	约30
集中学习	约62	约19

话说回来，在第一次正式测试中，两组之间并没有产生明显的分数差，这的确是事实。但正因如此，大家才更需要注意，那就是习惯集中学习的人很容易产生骄傲自满的心态，觉得自己"悟性高"，每次只要考前突击一下，就能取得和每天都认真学习的人一样的分数。在这里希望大家明白的是，虽然看起来使用两种学习方

法取得的成绩相同，但如果从培养长远的学习实力的角度来看，还是坚持每天勤勉学习的分散学习法更有利。

脑心理学专栏　9　/　生物节律

大家都在什么时间学习呢？是早上、白天还是晚上？

实际上，人体内部存在着各种呈周期性变化的节律，细胞都是按照规定的时间来活动的。一天之中的节律变化又叫"昼夜节律"，它由人脑中的视交叉上核（suprachiasmatic nucleus，SCN）来控制。

当然，肯定有人习惯早起，也有人喜欢当夜猫子。但请大家不要忘记，考试都是在白天进行的，而那些习惯了在深夜学习的人，到了考试当天就不得不从夜猫子转变为早起鸟。这就像去遥远的国外旅行一样，很有可能出现时差综合征。

事实上，当人出现时差综合征时，海马体中的细胞会一点点死亡，从而导致记忆力下降。[①]正因如此，很少有航空公司会大幅调整国际航线乘务员的飞行时间表。所以为了取得更好的考试成

---

① Cho, K. Chronic "jet lag" produces temporal lobe atrophy and spatial cognitive deficits. *Nat Neurosci* 4, 567-568 (2001).

绩，大家还是尽可能在白天学习比较好。

此外，如何度过周末也是一个问题。比如，有人喜欢在周末睡个大懒觉，这就相当于主动给自己制造了时差，这简直就是在虐待脑。所以说，休息日也应该和平日一样，尽量在相同的时间起床。即使醒来之后还是特别困也不要睡回笼觉，等到中午再睡个午觉就好了。

生物节律不只有昼夜节律，还有周节律、月节律、年节律，等等。就周节律而言，曾经有相关报告指出，一周之内周五和周六学习效率最高，这种现象又被称为"星期五效应"。虽然该效应尚未得到科学证实，但在周末也认真学习，这可能是个不错的选择哦。

4-5 睡前是记忆的黄金期

第二种能有效利用睡眠效果的学习方法与学习的时间段有关。在这里同样要请大家先思考这样一个问题：最佳的记忆时间到底是在早上还是在晚上呢？

对此，也有研究者进行了相关实验，将参与者分为两组，让他们分别在早上和晚上学习，然后进行测试，比较两个小组的"遗忘速度"。① 测试共分 3 次，分别在①马上记住后，② 12 小时后，以及③ 24 小时后进行。

晨间学习组在 12 小时后（即夜晚）进行的测试中，成绩出现了大幅度的下降。可能是因为在白天经历了很多事，所以导致早上的记忆有所减退，这也是正常的。不过在睡了一觉之后，也就是在 24 小时后进行的第 3 次测试中，该组的分数又稍微回升了一些，只是这种睡眠效果也没能发挥出太大的作用。

反之，夜间学习组在接受了第 1 次测试后马上睡觉，成绩由此得到了显而易见的提升，甚至拿到了晨间学习组绝对拿不到的分数。也就是说，趁着还没忘记刚记住的知识就赶快睡觉，这算得上是保持记忆的一条铁则了。因此可以说，在晚上记忆要比在早上记忆的效果好。

请注意，这里所说的"晚上"并不等同于"熬夜"，即"夜间学习"并不是指"在深夜里学习"，而是指"在睡觉前学习"。在和平时一样的时间段内睡觉是夜间学习的重点。

对于人脑而言，睡觉前的一到两个小时是记忆的黄金时间。我自己也有在晚上睡觉前一定要工作一会儿的习惯。

---

① Brawn, T. P., Fenn, K. M., Nusbaum, H. C. & Margoliash, D. Consolidation of sensorimotor learning during sleep. *Learn Mem* 15, 815-819 (2008).

睡前记忆的内容会记得比较牢固

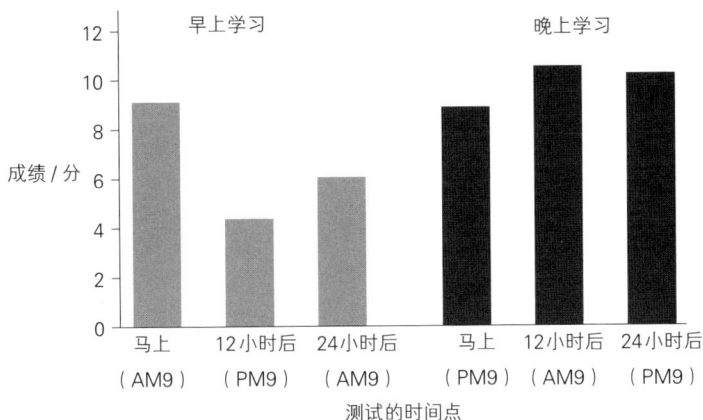

测试的时间点

4-6 能有效利用全天时间的学习方案

结合前文讲解的睡眠效果和狮子记忆法，我试着将个人认为能有效利用全天时间的学习方案做成了一张表。

先为大家简单说明此方案中关于时间安排的要点，也可以当作是对前文内容的复习。

1.饭前处于饥饿状态，正适合学习。

2.睡觉前也是学习的黄金期。

3.早饭或晚饭后处于饱腹状态时，不学习也不要紧。可以读课外书、看电视，或者玩游戏都可以，做一些自己感兴趣的事可以让我们的生活更加丰富多彩。

4.午后如果实在困得坚持不住，不妨睡个午觉，不要有什么顾虑。

5.如果早就决定要睡午觉，那么应该在午睡前的这段时间内抓紧学习。

除了对学习时间进行合理的安排，我在制订方案时，还具体考虑到在各个时间段内应该学习哪些科目。睡觉前非常适合学习那些需要记忆的科目，比如地理、历史、生物，或者背诵英语单词；上午可以说是人在一天之中最清醒的时间，用来学习对逻辑思维能力要求比较高的科目比较好，比如数学、语文、物理和化学等；最后，因为在早上刚起床的这段时间内不适合背诵，所以只要做一些简单的计算或者复习就可以了。

一天的学习方案

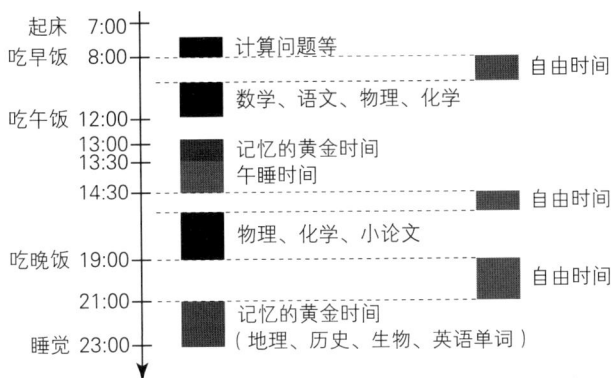

起床	7:00		
吃早饭	8:00	■ 计算问题等	自由时间
		■ 数学、语文、物理、化学	
吃午饭	12:00		
	13:00	记忆的黄金时间	
	13:30	午睡时间	
	14:30		自由时间
		■ 物理、化学、小论文	
吃晚饭	19:00		自由时间
	21:00		
		记忆的黄金时间	
睡觉	23:00	（地理、历史、生物、英语单词）	

也许有人想问，我们每天到底睡多长时间才比较合适呢？其实，在睡眠时间方面个体差异很大，不能一概而论。虽然人类的平均睡眠时间是 6 ~ 7.5 小时，但是有人睡 3 小时就足够了，有人则必须睡上 10 小时才行。这种个体差异可能和遗传有关，不是通过努力就能改变的。

在我个人的印象中，很多人都觉得"能睡是福"，平日里的心愿也是"想尽可能地多睡一会儿"。因此，在被问及理想的睡眠时长时，人们通常倾向于回答稍长一点的时间。

虽然像这种想要多睡一会儿的心情可以理解，但是拒绝睡眠的

"甜蜜诱惑"、认清自己真正需要多少睡眠时间也同样非常重要，只有这样我们才能制订出高效合理的学习方案。在学生时期，我坚信自己每天必须睡 8 ~ 10 小时头脑才能正常运转，但后来经过某次尝试，发现自己其实只睡 5 小时左右就足够了。

第 5 章

模糊的大脑

会学习的狗（比格犬）

5-1 记忆的本质

本章我们将围绕动物的脑的基本性质展开讲解，并由此思考最佳的学习方法。

大家听说过由达尔文提出的"进化论"吗？该学说认为，与《圣经》描述的不同，人类并非由上帝创造，而是从原始动物逐步进化成为灵长类动物的。达尔文认为，微生物、昆虫、人类等所有生物都有着相同的起源。

这一学说同样适用于脑。脑最开始出现在虫子般微小的动物身上，之后其机能逐渐复杂、体积逐渐增大，最终进化成人脑。如果要追溯人脑的起源，可以说其原型存在于更为原始的动物的脑中，即人脑的"本质"就存在于动物的脑中。

接下来要提到的就是本章的重点了。动物或虫类的脑比人脑简单得多。在动物的脑中，对维持生命比较重要的部分占据着大部分的脑机能。因此，如果认真观察动物的脑的性质，我们就能从中发现那些无法从人脑中顺利观察到的"脑的本质"。

与动物的脑不同，人脑具备很多与"维持生命"这一目的没有直接关系的高级能力。这些能力具有"装饰性"，很容易掩盖脑的本质。如果只观察人脑，我们是无法理解其实际形态的，所以研究人员常常将除人类以外的动物作为研究素材。这些素材种类多样，小至蛞蝓（鼻涕虫）等虫类，大至猿等类人动物。在此即将为大家介绍的是利用犬类进行的实验。通过观察狗的学习过程，我们就可以发现脑让人意想不到的一面。

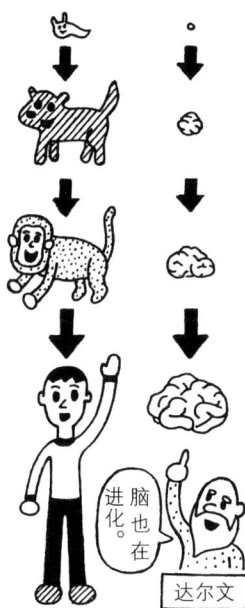

脑心理学专栏　10　/　外在动机

让海狮和猴子等动物学习表演时，人类常用"饵料"作为回报。在心理学领域，我们将这种奖赏称为"外在动机"。

外在动机似乎也常常被应用到学校的学习上。"如果这次你总考不好的数学能考到 80 分，我就给你买你喜欢的东西"，有的学生应该就是得到了父母的这种承诺才努力学习的吧？还有人会经常自我鼓励，想着"考完试我就要去游乐园玩儿"。

尽管有些人挑剔地认为这些方法"动机不纯"，但在心理学中，这种利用了外在动机的方法却作为一种有效的手段而得到了广泛的认可。事实上，如果缺乏外在动机，学习能力会严重下降——这一点已经得到了证实。甚至对于动物而言，它们通常会在缺乏外在动机的情况下完全丧失学习能力。

外在动机的奖赏不一定是物品或金钱等肉眼可见的东西，"做成某件事"获得的成就感也是一种外在动机。比如，实现目标后的喜悦之情就称得上是一种回报。

因此，在学习时一定要设定目标。人们常说"志当存高远"，但这样一来，不仅会导致实现目标后获得回报的次数减少，而且当目标无法实现时，难免会使人产生一种挫败感。所以学习的关键在于，在设定较大的最终目标的同时，还应该设定一些小目标，即比较容易实现的目标。

我每天都会设定一些能完成的、低层次的小目标，以激励自己持续学习。正因为每天都能获得小小的回报，我才能坚持下来，不断地向最终目标前行。

5-2 面对失败，毫不气馁的积极态度最重要

相信养过狗的人都知道，狗这种动物相当聪明，可以学习复杂的指令。

但是，如果想让狗记住某些信息，我们需要给予适当奖励让它们心情愉悦，比如投喂食物、抚摸，或者带狗出去散步等。这里我们以食物作为奖励，尝试进行一个实验。

如图所示，我们先把狗带到电视机前让狗观察屏幕，同时在电视机下方设置一个按钮。如果电视屏幕中突然出现一个圆形，那么在此时按下按钮就能获得美食。这个装置对于人类而言非常简单，但对于狗来说却有一定难度，因为我们无法通过语言告知其获得食

物的方式。但也正因如此，我们才能通过这个实验看清脑"学习"的本质。

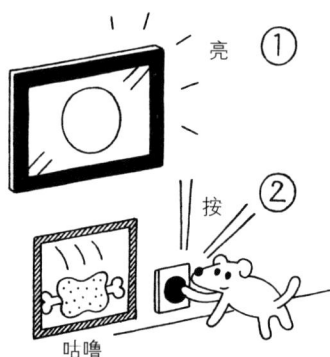

那么，参与实验的狗会如何获得食物呢？通过观察狗的学习过程，我们能发现有趣的记忆秘密。

狗的世界并不像人类世界，没有高度发达的文明。当然，对于狗来说，电视机是其出生后才见到的机器，它们也不知道眼前的按钮意味着什么，甚至不知道可以按下按钮。更何况电视机屏幕还会突然出现一个圆形，这真是令它们不知所措。

就在某一刻，狗偶然按下了按钮，美味的食物出现了，这纯属偶然。但是，当发生过几次这样的偶然后，狗就会注意到"按下按钮"与"获得食物"间的关系。到此为止，这是学习的第一阶段。

换言之，学习可以说就是掌握事物关联性的过程，学习的本质就是把之前各自独立的信息在脑中关联起来。虽然在以上实验中关联起来的是按钮和食物间的关系，但是把情景换成背诵英语单词也是相同的。就像"go ＝ 去"这样，把英语和母语关联起来的过程就是学习。

那么，狗在成功通过学习的第一阶段后，接下来会采取怎样的行动呢?

一旦发现按钮和食物间的关系，狗就会在"想要获得食物"这一动力的驱使下不停地按下按钮，但并不是每次按下按钮都可以得到食物。如果电视屏幕未出现圆形，那么即使按下按钮也不会有食物出现。在经过多次失败后，狗会突然意识到这一点。

当狗终于明白屏幕中出现圆形和按钮间的关系后，这个实验课题才算圆满完成。在此之前，狗进行了数十次乃至数百次的反复试错。这样不对，那样也不行……在经历过各种失败后，狗才能注意到二者间的关系。世上绝对没有突如其来的成功，只有一边思考失败的原因、一边不断地思考解决方法，我们才能得到最终的答案。

也就是说，我们也许需要经历多次失败才能获得一次成功，不经过反复的失败就难以形成正确的记忆。正如菲尔普斯[①]所言：一个人没有经历过失败就很难有所作为。记忆正是通过"失败"和"反复"得以形成和强化的。

大家的学习也是如此。在前文中我曾多次向大家强调过"反复"，即复习的重要性。同时，经历"失败"也很重要，比如答错题、因疏忽大意而出错、考试拿到的分数很低，等等。

每次经历失败后，我们都应该思考下一次要怎么做才能成功。如果还是失败了，就再次思考其他解决方案……像这样不断循环下去。失败的次数越多，就越能形成准确牢固的记忆。即使偶尔取得了几次不错的成绩，对于大家来说其实也并没有什么实质性的收获。

所以，即使考试成绩不理想也没必要闷闷不乐，大家可以转换思维，把它当作一件好事而非坏事。失败后最重要的是带着疑问找出失败原因，并想出解决方案。参与实验的小狗们在失败之后也没有闷闷不乐，而是不断探索其他方法。这种态度正是能尽快得出正确答案的秘诀。

没错。无论失败多少次，都要确立下一步的解决方案，利用排除法进行自我修正——这也是脑的机制。因此，对于学习来说，

---

① 爱德华·约翰·菲尔普斯（Edward John Phelps），美国律师和外交家，美国律师协会创始人之一。——译者注

"善于反省"和"保持乐观"也很重要。

我们需要透过自身这扇窗户观望世界，所以必须不断磨砺自己。

——萧伯纳（剧作家）

脑心理学专栏　11　/　偏好效应

大家在吃饭时，会先吃完自己喜欢的食物，还是把它们留到最后才吃呢？

教育心理学中有"偏好效应"这一概念。"偏好"一词用在这里可能会让人感觉有点奇怪，但其实它的意思很简单，就是"在学习中发挥长处"。与其在不擅长的领域闷闷不乐，不如充分发挥长处，这样成绩才能得到整体的提升。对于实在学不会的部分，我们可以不去管它，这也是一种好方法。

偏好效应不仅可以应用到长期的学习过程中，也可以应用在考试等短时间的活动中。也就是说，在正式考试时，要想实实在在地拿到志在必得的分数，就得先从自己有把握的题目开始着手。在此过程中，我们会慢慢建立自信，干劲会自然而然地增加，注意力也会提高。

所以，把喜欢的食物放到最后才吃的做法，还是只在吃饭的时候做就好了。

另外，日本有些大学下设的学院会在高考时根据需要调整科目的比重。比如，当这些学院想要录取数理成绩比较优秀的学生时，就会把数学和理科科目的满分设为 150 分，把语文和社会科目①的满分设为 75 分。但实际上，报考这些学院的一般都是对理科比较有自信的学生。也就是说，这些考生在理科类的考试中都能拿到比较高的分数，所以主要科目的成绩不会有太大差距。因此，最后的结果反而与学校的意图相悖，往往是社会科目和语文的成绩决定了考生最终能否被录取。能否考取理工学院取决于语文成绩，而能否考取经济学院则取决于数学成绩。乍一看这好像是矛盾的，但在实际的考试中的确会出现这种现象。

因此，我们不仅要了解自己擅长的科目是什么，还要思考在高考时，这些科目对于报考大学具有怎样的意义，然后才能拟定适当的应试策略。

---

① 日本小学、中学的科目之一，综合地理学、历史学、政治学、经济学、社会学、伦理学等学科研究，引导学生认识、理解人类社会。——编者注

偏好效应

5-3 人脑和计算机的差异

我在第 1 章中提到过，人脑与计算机一样，都具有"保存信息"（记忆）的功能，同时还有其他一些共同点，例如人脑具有与 RAM 和硬盘类似的存储机制等。

然而，通过狗的学习实验，想必大家应该能发现人脑的性质与计算机的性质有很大的不同。我们都知道，计算机只要通过一次记忆就能完全学会所学内容。只要按一下"保存"键，用计算机写的文章、画的图画、玩的游戏等，就能被完整地保存下来，而且不会出现任何差错。

实验中狗所面临的难题，计算机完全可以轻松完成。比如，通过内置的计算机程序给机器人下达"在屏幕出现圆形时按下按钮"的指令后，机器人马上就可以完成任务，而不需要像狗那样反复摸索尝试。机器人不会出错，它只需要学习一次就能准确地记住正确答案。

接下来要为大家讲解的内容可能会稍微带有一些专业性。首先，我们必须清楚地认识到人的脑神经回路和计算机电路间的差异。

我在前文中提到过，计算机会将所有信息转化为数字信号 0 和 1 后再进行处理，它可以保存任何信息。并且，由于计算机可以将所有信息都准确保存下来，所以不论是黑还是白，是〇还是 ×，它都不会搞错。

然而，人脑不仅健忘，而且很难做出准确的判断，因此经常会得出错误的答案。看起来，大脑和计算机处理信息的方式似乎大不相同。接下来，就让我为大家讲解一下二者各自的运行机制吧。

与计算机相同，在人脑的神经回路中传递的也是电信号，只不过计算机通过电流传递信号，而人脑神经则是通过离子（钠离子）来传递信号的。由于二者都传递数字信号，所以在传递过程中，从信号源发出的信息不会发生任何变化，在这一点上二者是相同的。

接下来要讲的就是二者的不同之处了。人类的神经元通过神经纤维形成回路，但各个神经纤维之间并没有物理性接触。与电路不同，神经回路并不是一个紧密相连的整体，纤维和纤维之间存在着微小的间隙。

因此，在纤维上传递的电信号必须通过"换乘"才能传递到下一个神经元。这就像是我们想要乘坐电车从札幌到博多，但是由于没有直达列车，所以必须要在中途车站换乘一样。

在神经回路中，这个换乘站就是"突触"（synapse）。虽然突触与突触间的间隙很小，只有头发粗细的五千分之一，但这样微小的间隙还是会导致电信号无法传递下去。

电信号在这个间隙中通过乙酰胆碱或谷氨酸等化学物质进行转换（电信号—化学信号—电信号），从而完成信息的交接。交接之后，如果电信号比较弱，那么就意味着在电信号的"翻译"转换过程中，化学物质的释放量很少。也就是说，突触传递模拟信号而非数字信号。

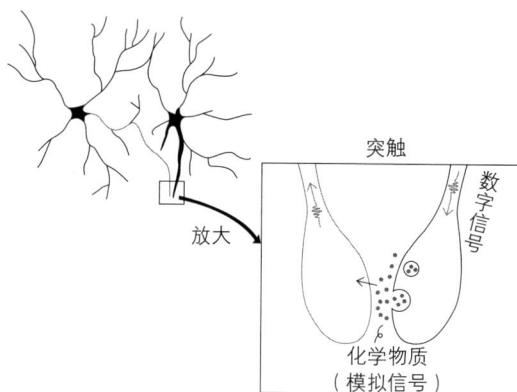

突触

数字信号

放大

化学物质
（模拟信号）

化学物质的量决定了信号的强弱！

要是人脑也能像计算机那样，通过数字信号 0 和 1 机械又如实地传递信号就好了。但不知道这是幸运还是不幸，神经突触使用的却是模拟信号。

实际上，人脑之所以与计算机不同，正在于它能够对传递信号的强度进行微妙调整。人脑神经回路中的信息传递不会像接力跑运动员那样，在接到接力棒后只是单纯地把接力棒传递下去，而是可以自由地调整所传递的信息量。这就是"思考"的源泉。

但另一方面，使用模拟信号意味着信息可能发生变化，也就是会变得模糊。

正因为人脑具有这样的性质，所以要想得到正确答案，我们就必须反复摸索尝试。失败之后思考失败的原因，并思考下一次的应对策略，然后再次失败……要如此循环往复多次。

看到这里大家应该已经明白了吧？由于人脑通过模拟信号进行记忆，所以比起一次性记住全部信息的方式，人脑更擅长使用"排除法"。数字信号只是呆板、机械地保存信息，而人脑采用的却是排除错误、最终留下正确答案的方法。在自然环境下，动物永远无法预测接下来等待它们的是什么。面对未知复杂的环境，动物采用模拟式的排除法再合理不过了。

人类的学习也同理。学习有三要素，它们分别是：

1. 不畏失败的毅力；

2. 解决问题的能力；

3. 乐观的性格。

看到这里也许有人会想："什么呀，难道结论就是这些？"虽然令人沮丧，但很遗憾，事实的确如此。

不过，现在失望还为时尚早。其实我们有办法可以让狗学习得更快，而这也正是能提高学习效率的秘诀。

经验谈 7 / 感到"有趣"的瞬间

在感到某种事物"有趣"之前，我们都需要付出一定的时间和努力。我现阶段在高中学习的课程几乎都不是因为自己觉得"有趣"才开始学习的。

细细想来，我都是因为"这是学校的必修课"或"这是高考的必考科目"等理由而被动地选择了这些课程。到头来，所学的知识在各阶段的考试结束后会逐渐被忘记，这样的学习到底意义何在呢？我甚至觉得，相较于这种学习方式，在职业高中或专科学校里，只专注地学习自己喜欢的学科会更加有益。

如果在为期 1 年的学习过程中始终感觉不到"有趣"，那么 3 年后大概就会忘记大部分所学知识，10 年后甚至会把它们全都忘掉了吧？这样说来，1 年中所花费的"50 分钟 ×4 学时 ×35 周"的时间不就白白浪费了吗？

这么一想真是让人郁闷，于是我开始深入钻研学习内容，直到觉得"有趣"为止。在感到"有趣"的瞬间，这场黑白棋游戏的形势也发生了大逆转。（高二·爱媛）

作者之见

这位同学说得特别好。美国前总统林肯曾这样掷地有声地说:"生而为人,我们有义务把人生活出价值。"既然与别人花费了同样多的时间学习,那么就不能让付出的努力白费——这种想法很重要。

"黑白棋游戏"是一个很有趣的比喻。在现实中,即使将来你有幸从事了与自己的兴趣爱好相关的工作,也一定会面临很多痛苦和挫折。到了那时,还能保持现在的这份毅力和信心努力做下去就显得非常重要了。今后也请继续加油吧。

因寒冷而发颤的人,最能体会到阳光的温暖。

——惠特曼(诗人)

5-4 客观评估自己的学习实力

让狗学习得更快的秘诀到底是什么呢?

很简单,只需要把教学的步骤分解开就可以了,也就是先分解学习步骤再循序渐进地记忆。

就像前面提到的狗的学习实验,如果冷不防地让狗坐在打开的电视机前，它们是不可能很轻松地学会"获得食物"与"按下按钮"这两者间的关系的。有的狗甚至会进行几百次错误尝试。这是因为在该实验中同时存在两层因果关系，即"按下按钮后出现食物"，以及"在屏幕出现圆形后按下按钮"。

我曾在前文中说过，"学习可以说就是掌握事物关联性的过程"，就是把之前各自独立的信息关联在一起，而狗的学习实验相当于同时进行两种关联性学习。

逐二兔者不得一兔。同时让狗记住两件事当然很困难。为了让狗能更高效地记忆，我们可以把学习过程分解为两步，然后逐步地、认真地引导狗进行学习。

我们可以先将装置简化，无论电视屏幕是否出现圆形，只要按下按钮就能得到食物。在此种模式下，让狗在电视机前观察、尝试，直到狗能完全记住两者间的关系。之后再把装置设置成只有在亮起的屏幕中出现圆形时按下按钮才会出现食物，然后让狗再次慢慢地记住两者的关系。这样一来，狗的学习速度就可以大幅度地提高了。

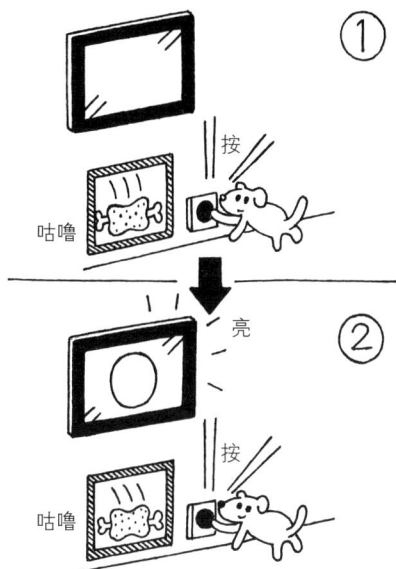

① 按 咕噜

② 亮 按 咕噜

　　并非同时学习两种关系，而是让狗分阶段学习——看起来好像是舍近求远，实际上却可以大大提高学习效率。就此实验而言，分解学习步骤后狗失败的次数可以减少到此前的十分之一，学习效率能因此提高十倍。

　　当然，我们也可以把这种方法应用到学校的学习中。

　　无论你觉得这种方法多么低效，只要肯踏实地按照步骤逐步学习，最后失败的次数肯定会减少。不要一开始就挑战高难度的问题，而应该先夯实基础，然后再逐渐提高难度——这样才能尽快掌握学习内容。

我们将这种分步骤记忆的方法称为"循序渐进法"。

步骤分解得越详细，学习效率就越高。在狗的学习实验中，我们只是把学习过程分解成两步，就得到了比之前好十倍的效果。如果将步骤分解得更详细，那么效果将更加不可估量。

实际上，学校的教材就是按照从基础知识到实际应用的顺序分阶段编写的，而书店出售的参考书在编写时往往针对的是不同学习阶段的学生，难度各不相同，请大家在购买时一定要注意。如果一年级的学生一下子买了用于升学考试的参考书，这就太莽撞了。欲速则不达。虽然我可以理解这种想尽早掌握高难度知识的心情，但这绝对不是高效的学习方法，而是绕了远路。

当你想要理解什么的时候，不要舍近求远。

——歌德（作家）

对某项体育运动和某种乐器的学习也是如此，在学习新事物时一定要循序渐进。如果让一个从来没踢过足球的人从倒钩球开始学习，恐怕他需要花费很长时间才能学会。不，说不定他会在练习中受伤，球技在几个月内都没有任何进步。大家一定要准确地把握自己的学习实力，逐步克服自己的弱点。

正如美国著名主持人大卫·莱特曼所言："克服自己最大的弱点之时，便是人类拥有最伟大力量之日。"首先，最重要的就是要弄清楚自己的实力在何种程度。

如果某个人的数学能力只能达到小学水平，却非要使用高中的教材和参考书，这简直就是乱来。恐怕他无论怎么努力，数学成绩都很难提高。这时，他应该果断放弃作为一个高中生的尊严，从小学生的算术练习题开始学习。这样不仅可以减少时间和金钱的成本，也能取得相应的学习效果。

先要明确自己的弱点，然后逐步克服，切忌远望目标而惶惶不可终日，我们要时刻牢记循序渐进的学习方法。英国历史学家卡莱尔曾经这样说道："最重要的就是不要去看远方模糊的目标，而是要做手边最具体的事情。"我们不仅要设立宏大的目标，还应该设置一些容易实现的小目标，慢慢进步。对于人脑来说，这才是高效的学习方法。无论做什么事都应该一步一步地脚踏实地。

前面跟大家讲过，神经元的突触可以改变信息的传递量。

人脑与计算机不同，不会原封不动地传递或保存信息。为了记住"相似的事物"，人脑会首先排除那些"不相似的事物"，所以它会经常犯错，而这也正是人类的特性。

"明白"是一种什么样的状态呢？"明白"换言之就是"能区分"。所以，与其有闲工夫叹息"我不明白、我真的不明白啊"，还不如对知识进行"区分"，回顾自己的学习过程，直至找到自己能理解的地方，然后再从那里重新开始学习。

所谓"不明白"，其实就是"不能区分"，那就先尽可能地将学习过程分解成一个个小的部分吧。是的，循序渐进法才是最有效、最快捷的学习方法。我们应该把握大局，先粗略地将学习过程分解成几大部分，然后进一步详细地分解，并踏踏实实、一步一步地按照顺序去学习。

学习就像用砖头一点点地搭建房子。用纸糊的房子风一吹就倒，而用砖头建造的房子就不那么容易倒塌了。

经验谈　8　/　参考书的难易程度

因为感觉自己起步比较晚，所以我一开始就买了高难度的参考书，但是花了很长时间学习也没有任何进步。后来我又去了书店，试读后选择了一本自己能解答出书中 70% 左右问题的习题集。

之后又经过两个星期的学习，我的整体成绩竟然提高了很多。

虽然为了买第二本习题集又花了 950 日元（约合人民币 58 元），但是我很庆幸自己当初下定决心重新买了一本。（高三 · 爱知）

作者之见

没错，选择适合自己的参考书非常重要。我经常看到有人把学习目标定得很高，然后对着高难度的习题集闷闷不乐。我个人并不是很赞成这种做法，因为这样做很容易让自己丧失自信，而且也可以说是在浪费时间。

请大家务必认识到，总有一些东西是无法用金钱换来的。对于这位发表经验谈的同学来说，等将来自己的学习实力提升到了相应的水平，完全可以继续使用第一本参考书，所以其实这算不上是什么经济损失。总之，对任何人而言，不要误判自己现阶段的实力才是最重要的。对此详细的解释可以参考上一节中关于"循序渐进法"的说明。

脑心理学专栏　12　/　行动兴奋

> 魔鬼同上帝在进行斗争，而斗争的战场就是人心。
>
> ——陀思妥耶夫斯基（作家）

人在学习时内心经常会感到纠结。"虽然深知学习的必要性，但却怎么都提不起干劲儿"——相信大家也一定有过这样的感受吧？实际上，"干劲儿"是学习过程中一项非常重要的因素，它可以说是学习行为的出发点。

因创立智力测验而闻名世界的心理学家阿尔弗雷德·比奈曾列举出智力的三大核心要素，即逻辑能力、语言能力和热情，而"热情"正包含了"有干劲儿"这一层意思。

我有时会见到父母或者老师这样教育孩子：只要你想做，明明是可以做到的啊。但是，"只要想做就可以做到"其实等同于"做不到"，因为孩子缺乏学习的干劲儿，进一步明确地说就是缺乏三大核心要素之一。那么，怎样才能提起干劲儿呢？

"干劲儿"是由人脑中的伏隔核等部位产生的。伏隔核的位置接近人脑中心，它的尺寸非常小，直径甚至不到1厘米，但它的性质却比较复杂。要想让伏隔核活跃起来，就必须给予其一定程度的刺激，否则伏隔核是运转不起来的。

所以，人显然不可能什么都不做就让自己提起干劲儿来，因为伏隔核没有受到相应的刺激，人也就失去了干劲儿。因此，每当感觉自己没有干劲儿时，我们首先要做的就是坐在书桌前开始学习——总之，要先刺激伏隔核，等到慢慢地有了干劲儿之后就能集中精力学习了。俗话说得好，百思不如一试。学习这件事，只要能开始就相当于完成了一半。

再比如大扫除。虽然刚开始很不情愿，但是只要开始打扫，趁着这股劲头，最后肯定能把屋子打扫得干干净净。想必大家都有过这样的经历吧？

这种现象被德国精神病学家埃米尔·克雷佩林（Emil Kraepelin）称为"行动兴奋"。一旦开始行动，状态就会渐入佳境，注意力也能集中了——这就是行动兴奋。唤醒伏隔核需要一定时间，所以不管怎么样，先坐到书桌前不间断地学习十分钟再说，这种态度是非常重要的。

5-5　记忆原本就是模糊的

循序渐进法是提高学习效率的一种可行的方法。

通过分步骤学习来提高成绩，这和计算机的"记忆"完全不同。无论有多少步骤，无论这些步骤多么烦琐，计算机都不必反复试错，一次便能准确无误地记住全部信息。人脑却必须要经过多次失败，踏踏实实地按照步骤来记忆才行。

这么一想，计算机惊人的记忆力是多么让人羡慕啊。遗憾的是，人脑只会采用"排除法"这种笨办法，也正因如此，我们才会在考试时因为想不起学过的知识而感到痛苦无比。

那么，动物在进化过程中为什么会创造出这样不完美的脑呢？下面就让我们一起思考其中的原因吧。人脑这种看似稍显笨拙的特性，其实是有着深刻的道理的。

为了探明其中的缘由，让我们继续回到狗的学习实验中来吧。这一次，我们试着加入新的实验元素，即改变在电视画面中出现的图形的形状。在之前进行的实验里，画面中出现的图形为圆形，而狗学会的是"在屏幕出现圆形时按下按钮就能得到美食"。现在，如果我们把圆形换成"三角形"，而狗也是第一次见到三角形，接下来会发生什么状况呢?

结果显示,即使看到的是三角形,狗也会毫不犹豫地按下按钮。这看似平淡无奇的结果,却隐藏着有关脑的本质的重要事实。

该实验结果表明,对狗来说圆形和三角形其实并没有什么区别,它们只是对"屏幕出现图形"这一现象做出了反应。

这就是脑与计算机最大的不同之处。对于计算机来说,圆形和三角形是完全不同的。如果我们告诉计算机"在屏幕出现圆形时按下按钮",那么在屏幕中出现三角形时,计算机不会做出任何反应,因为它的记忆是完全准确的。

这样看来,那些已经掌握了"握手""转圈"等技能的狗,即使听到了不同于训练时发出指令的嗓音说的"握手",也能很好地完成这个动作。因为对于狗而言,不管是谁下达指令都无所谓。与计算机相比,脑的记忆可以说是粗糙又随意了,它甚至对圆形和三角形都不进行区分。

一般来说,记忆本来就不严密,甚至可以说是模糊而随意的,这就是脑的记忆的本质。接下来就让我们一起思考这种本质的意义何在吧。

经验谈 9 / 利用糖果和口香糖取胜

学长曾经告诉我，高考时一定要带糖果或者口香糖。人脑虽然特别需要能量，但它只能吸收最容易转化成能量的葡萄糖。从化学成分上来说，糖果是由两个葡萄糖分子组成的蔗糖，所以吃了之后马上就会转化为能让脑运转的能量。

嚼口香糖会使人头脑清醒。这好像是因为臼齿在咀嚼时产生的震动会传送到脑，使脑清醒起来。相反，如果在考试前吃了牛排或者猪排①，那么出于消化的需要，血液首先会聚集到肠胃，所以等牛排和猪排的能量到达人脑时，恐怕考试早就已经结束了。

不记得是哪位落语家②说的了，"牛排和猪排是胜利之后才吃的食物"。（高三·大分）

---

① 在日语中，牛排和"敌人"的发音相近，猪排和"胜利"的发音相同，因此在比赛或者考试前有很多人都会吃这两种食物（或者只吃一种），讨个"战胜敌人""获得胜利"的好彩头。——译者注

② 落语的表演者。落语类似中国的单口相声。——编者注

作者之见

我认为，以上这位同学说的内容基本正确，但最好事先确认一下在考试中是否允许嚼口香糖。另外，蔗糖并不是由"两个葡萄糖分子"组成的，严格来说是由"一个果糖分子和一个葡萄糖分子"组成的。果糖被身体吸收后，马上能转化为人脑的营养源——葡萄糖。

糖果的力量让我的大脑充满了能量，状态超级好！！

……不可能吧，你根本就没学习啊。

脑心理学专栏　13　/　葡萄糖

生活中有非常多喜欢吃甜食的人，其中既有只吃豆沙包就觉得很幸福的人，也有在晚餐吃饱喝足后还能吃得下蛋糕的人。大家周围应该也有这样的人吧？

所谓的"三大营养素"，就是指蛋白质、碳水化合物和脂肪。它们对于人体而言都非常重要，但神经元只能吸收"葡萄糖"，也就是糖分和碳水化合物。脑是人体最重要的组织，所以一直被我们的身体严密地保护着，以免其受到有毒物质的侵害。哪怕只带有一点危险性的物质都无法进入人脑，甚至连蛋白质和脂肪也不能轻易进入。也就是说，人脑自己所选择的安全的营养素就是"葡萄糖"。

看到这儿大家应该已经明白了吧？补充葡萄糖能让脑活跃起来。虽然曾经有研究人员否认了这一事实，但是通过我所属的研究室的进一步确认，葡萄糖确实可以活跃脑。

有人喜欢在休息时喝咖啡。咖啡的确是一种能使脑兴奋的、神奇的嗜好品，不过如果在喝咖啡的时候加一点砂糖，效果可能会更好。顺便说一下，有人认为砂糖会使人发胖，其实未必如此。发胖的原因并不一定在于高卡路里，很多时候也许是因为脂肪的摄取量超标。即使正在减肥，我们也可以适量吃点砂糖。

有人图吉利，会在考试当天的早上吃猪排，因为在日语中"猪排"的发音和"胜利"是相同的。猪排是肉，其实也就是蛋白质，所以其能量并不能马上为人脑所用。相比猪排，或许吃米饭、面包或者薯类等碳水化合物的人会比较幸运呢。

5-6 用"反省"代替"后悔"吧

脑的记忆的本质就在于它的"模糊不清"，我们从狗的学习实验中可以看出这一点，因为狗并没有区分出圆形和三角形。

但是换一个角度来看，这也可以解释为"因为没有必要所以不进行区分"。与计算机不同，脑在学习时采用"排除法"，也就是说，狗在学习过程中并没有学习"排除三角形"这种情况。

如果像计算机那样只记住正确答案，那么一开始三角形就不在识别的范围内，所以即使电视屏幕上出现了三角形，也会被计算机忽略掉。

计算机工作起来可谓无比准确，处理信息不会出现任何错误。

但是说得难听一些，计算机其实就是顽固不化、不懂变通，完全照本宣科。

试想，如果遇到"不吃东西就会死"这种近乎走投无路的危险状况，那么利用狗的记忆方法就可以得到食物，而要是利用了计算机的记忆方法，到最后就只能饿死了。

想必大家已经明白了吧？虽然记忆模糊不清，但这样的"模糊"对生存却有实质上的意义，因为我们的生存环境时时刻刻都在发生复杂的变化。

动物为了在不断变化的环境中生存下来，必须依靠过去的"记忆"，还要根据情况随机应变，做出各种各样的判断。完全相同的状况一般不会发生第二次。在不断变化的环境中，准确无比的记忆反而会成为无法被有效利用的、没有意义的知识。

所以，相较于严密性，记忆更需要"模糊"和"灵活性"，而且恰到好处的"模糊"尤为重要。多亏了这样的灵活性，我们才能从反复的失败中吸取经验，最终走向成功，这正是脑值得我们尊敬的一点。

为了记住"相似的事物"，需要逐一排除"不相似的事物"。脑之所以采用这种烦琐的排除法，原因就在于此。

所以，大家完全没有必要因为自己的记忆不精准而闷闷不乐，因为人脑的机制原本就是这样，总有一部分记忆是模糊不清的。正如作家普希金所言："失败之前无所谓高手，在失败面前，谁都是凡人。"无论钻研什么学问，我们都绝不可能避免失败。哪怕我已经研究了二十年的脑科学，现在每天也还是在不断地经历失败。

失败并不可耻，我们没有必要过度惧怕失败。失败之后，重要的不是"后悔"，而是"反省"。

> 失败是人之常事。
>
> ——伏尔泰（作家）

记忆有时会变得模糊不清，有时甚至会消失不见，这是脑的特性，某种程度上我们无法改变这个事实。如果脑像计算机那样，能准确无比地记住所有信息，那么脑是无法发挥出其应有的实际作用的。"记忆准确且不会忘记的脑才是优秀的脑"，这种观点不过是对脑的一种误解。人类本来就常常忘记或者出错，正是为了弥补这一点，人类才发明了计算机。

> 人类的长处恰恰是拥有缺点。
>
> ——犹太人的格言

脑心理学专栏 14 / "开头努力"与"结尾努力"

大家的注意力能大约集中多长时间呢？大部分人应该都是30 ～ 60 分钟吧？在上课或者考试时，一旦超过这个时间段，无法继续集中注意力也是理所当然的。

我们都知道，当人做一件事时，注意力一般会在开头和结尾比较集中，我们分别称其为"开头努力"和"结尾努力"。举例来说，考生往往在考试刚开始时能集中精力答题，在考试马上要结束的时候答题效率也会提高。但在考试的中间时段注意力却很容易中断，一不留神还会浪费不少时间，这就是所谓的"中途松懈"的现象。一旦出现这种现象，成绩恐怕就很难得到提高了。

避免"中途松懈"的方法之一，就是把考试的时间分成前、后两部分。例如，当考试时间为 60 分钟时，我们可以想象前 30 分钟一到考试就要结束了，而后 30 分钟又是一场新的考试。这样一来，在整场考试中，"开头努力"和"结尾努力"能各自发挥两次作用。平常考试开始后约 30 分钟时，人会开始无法集中注意力。假如这时"结尾努力"能发挥作用，那么就能让我们再次集中注意力。并且，在后半部分刚开始，也就是刚经过 30 分钟的时候，因为"开头努力"的作用，人的注意力也会很集中。如果像这样把考试的时间分割开来，注意力就能得到有效的分配了。

时间是转化为钱还是转化为铅，完全在于你如何利用它。

——普雷沃（作家）

5-7　带着长期计划去学习

我在前文中提过，脑的记忆是模糊而随意的。那么，狗是不是永远都区分不出电视屏幕中出现的圆形和三角形呢？

当然不是，狗能清楚地区分二者。那么，怎样才能让狗学会区分呢？

答案很简单，那就是只有在屏幕中出现圆形时才给狗食物。

当然，在刚开始的时候，即使屏幕中出现了三角形，狗也很可能会按下按钮，因为狗还没理解到其学习的内容已经发生了变化。经过反复失败，狗自然会注意到出现三角形时得不到食物，之后狗就会无视三角形，只在屏幕中出现圆形时做出反应。也就是说，狗能够区分圆形和三角形了。

之后经过类似的训练，狗还能进一步区分"圆形和四边形""圆形和五边形"，这就是循序渐进法。这样一来，区分"圆"和"微妙的椭圆"也应该不在话下了。如果一开始就让尚未掌握图形关联的狗去区分圆和椭圆，恐怕狗永远都无法发现这二者的差别吧。

这一点相当重要，因为区分不出大的差别就更无法区分出小的差别。哲学家培根曾这样说："人生如同道路。最近的捷径通常是最坏的路。"让狗先学会区分圆形和三角形，虽然这看起来像是舍近求远，但最后狗却能更快地区分出圆和椭圆的差别。因为脑使用的是模糊的记忆方法，所以像这样分阶段、分步骤的学习是很有必要的。要想理解细微的差别，重要的是先理解那些较大的差别。

这种方法也可以应用到学习过程中。当我们想要学习某一领域的知识时，最重要的是理解和把握知识的整体概貌。在刚开始的时候，可以先忽略细节，首先把握全局，之后再一点点地记忆细节。总之，脑的记忆是模糊的，刚开始并不能区分出相似的事物。

比如，对西方绘画不感兴趣的人，看到哪幅油画都觉得差不多。即使告诉他们这是文艺复兴时期的油画，那是印象派画作，恐怕他们也完全看不出其中的差别。但是，如果一个人对油画感兴趣，那么在仔细观察油画的过程中，他的眼睛会慢慢地习惯，之后就能逐渐区分出文艺复兴时期的油画和印象派画作了。经过进一步钻研，他甚至可以区分出莫奈、雷诺阿和梵高等印象派画家之间的细微差别。

看棒球比赛也是如此。那些经常看比赛的人，在眼睛习惯后能逐渐区分出投球手投出的是直线球还是外旋球。而那些连棒球都没见过的人，恐怕不可能一下子就做出这样的判断。

这些事例无不说明，我们并不是因为拥有优秀的脑才能区分出各种绘画风格和投球类型间的细微差别的，而是需要付出努力、接受相应训练才能做到。按照从大到小的顺序，经过有序的训练，任何人都可以辨别出细微的差别。

学习也是如此。比如在学习日本史时，一开始就想把握某个特定时代的细节是不可行的，因为我们才刚刚开始学习，不可能马上就理解这些细节。举例来说，如果我们不遵循这一原则，一上来就去学习平安时代的细节，那么学到的只能是很浅显的知识。脱离整体的片面信息是无用的，而无用的信息在不久后就会从头脑中消失。

为了避免这样的情况发生，我们首先要从大局出发，掌握从石器时代到现代的历史整体概貌，把握历史变迁的脉络，然后再逐渐深入地研究各个历史时期，而细枝末节的部分可以留到后面去学习。这种做法绝不是舍近求远，而是一种遵从人脑性质的科学方法。

19世纪的英国政治家迪斯雷利曾这样说："拥有开阔视野的人，小的失败对他构不成威胁。"如果想让有意义的记忆尽可能长时间地保存在头脑中，大家的目光就不能只局限于眼前的考试，而要以长远的目光制订符合自身情况的长期计划，然后依照长期计划去学习。

脑心理学专栏　15　/　BGM

　　大家会一边听音乐一边学习吗？"一心二用"的人往往会被别人瞧不起，但实际上，"一心二用"也并不一定就是坏事。首先，让我们来详细了解一下 BGM（back ground music，背景音乐）的效果吧。

　　在被隔音墙包围的无声空间中，动物一般无法集中注意力，学习能力也会立即出现一定程度的下降。如果周围没有任何若有若无的、细小的杂音（BGM 或者噪声），那么包括人类在内，所有动物都难以充分发挥自己的能力。就像有些人在过于安静的图书馆反而很难平静下来一样，这或许就是无声效果造成的影响。

　　话虽如此，但我们也不能因此就不加考虑地任意播放 BGM。诚然，BGM 的确可以缓解精神上的紧张和疲劳感，同时还能消减无聊感，特别是在进行重复性的工作时，BGM 可以使人集中注意力。但是当我们正在攻克难题、需要做出高难度的判断时，BGM 反而会产生负面作用。

　　BGM 的效果因人而异。一般来说，BGM 对喜欢音乐的人能起到积极的作用，但是对音乐的狂热爱好者却会起反作用，而对于那些不关心音乐的人来说，BGM 基本不起任何作用。因此，大家最好先试一试，在进行比较单调的学习活动比如背诵时播放一些 BGM，看看会对自己起到怎样的效果。

如果播放 BGM 后记忆力得到了明显的提升，那么就可以在下次学习相同内容的时候播放相同的曲子。像这样，在形成条件反射之后，这首曲子就有可能帮助我们在考试中回忆起相应的知识点。大家不妨试试这样利用 BGM 来辅助学习。

5-8 先扩大擅长科目的优势

通过狗的学习实验，我们从多个侧面探索了脑的性质。而通过研究动物脑的隐藏性质，我想大家应该都能切实地感受到人脑的本质了吧。

在本章的最后一节，让我们再来进一步拓展这个实验的内容吧。如果仔细观察可以区分圆和椭圆的狗，我们还能发现一些更有趣的事。

在能够区分出圆和椭圆之后，狗很快就学会了区分正方形和长方形。也就是说，一旦开始注意到某种图形的细节部分，狗就可以通过观察细节部分来区分其他不同的图形了。这也是脑的重要性质之一。

这样说来，人类也是如此。擅长棒球的人能很快学会垒球，英语好的人学法语会很轻松。一旦掌握了对某一领域知识的理解方法，就能帮助理解其他领域的知识。学习也是一样。如果能够掌握某一问题的解法，那么在以后遇到类似的问题时，就可以跨学科应用这种解法了。

总之，切实掌握灵活应用知识的能力十分重要。正因为脑使用的是排除法，我们才能具有这样的能力。这种方法实质上就是一种保留事物本质（精髓）的策略。因此，只要精髓相通，知识就可以得到应用，而计算机是很难具备这种高难度的适应能力的。

从这种现象中我们可以看出，脑在记忆时不仅会记忆事物本身，同时还会记住对该事物的"理解方法"，然后再利用这种理解方法，去发现潜藏在不同事物之间的"法则"和"共同点"，这样就能更快、更深刻地理解其他事物了 ①。

对于学习而言，这一点非常重要。学会了一种事物也就相当于拥有了学习其他事物的基础能力，这是多么方便啊！我们将这种现象称为"学习迁移"。

更重要的是，学习的水平越高，迁移的效果就越好。也就是

---

① Tse, D., Takeuchi, T., Kakeyama, M., Kajii, Y., Okuno, H., Tohyama, C., Bito, H., Morris, R. G. Schema-dependent gene activation and memory encoding in neocortex. *Science* 333, 891-895 (2011).

说，记忆的东西越多，脑就越灵光。和使用时间越长越容易出故障的计算机不同，脑是一种越使用性能就越好的神奇的学习装置。

在学习时，一旦完全理解了某一学科的某一部分，那么理解起该学科的其他部分也就变得简单了，当然记忆也会更加准确。我们在前面举过学习日本史的例子。在掌握了历史整体概貌的基础上，首先要充分理解绳文时代的知识。这样一来，我们理解平安时代的知识就会变得简单很多。比起一开始就去了解平安时代，这种方法反而可以节约一些时间。此后，如果我们再去逐渐了解其他时代的文化，最终就能掌握日本历史的全貌了。

如果能够完全掌握日本史，那么对世界史的学习也会变得简单起来，甚至连语文、英语、数学等科目也会受到这种学习效果的积极影响。

在连一门科目都学不好的人的眼中，那些每科成绩都很优秀的人简直就是超级天才。其实，这只是各个科目的学习能力相互迁移的结果，绝不是因为他们天生聪明，因为人的能力不仅仅是靠遗传就能决定的。

反过来说，大家只要擅长学习某个科目，那么其他科目的成绩也比较容易得到提高。从长远来看，与其在每门科目上都花费相同的时间，以期成绩得到均等的提高，不如集中精力学习其中一门科目，并将其研究透彻，这样的学习方法才是上策。

在考试前，为了能及格，我们经常会倾注精力学习每一门科目。因为马上要考试了，这也是没有办法的事情。不过在平时的学习过程中，我认为还是应该先集中时间学习一门科目并彻底掌握这门科目，这种学习方法会比较好。

想要拥有所有的人，最终也会失去所有。

——山名宗全（日本武将）

首先，不管具体是哪一科，总之要有一门擅长的科目。在有了一门不输给任何人的擅长科目之后再去挑战其他科目的学习，这种学习方法从脑科学的角度来看是非常有效的。

经验谈　10　/　各门科目的学习顺序

有学长告诉我，在高考前要按照现代文→古文→数学→英语→理科综合和社会科学的顺序完成各门科目的学习。

这就意味着要尽早开始学习现代文和古文，才能在高二结束之前达到能参加高考的水平。英语则比较花费时间，因此从高一开始一直到高考前都需要持续不断地学习。

如果只要求数学成绩达到能通过中心考试①的水平，那么只要把典型问题的解题套路背下来就可以了。但是这样一来，如果遇到名校出的那种融合了多个领域知识的问题，或者碰上从没见过的非典型问题，那么就难以解决了。因此，数学这一科的学习目标可以定得比中心考试的水平稍高一些，一旦遇到难度高于这一水平的问题就干脆直接舍弃，争取从其他科目上多得分。据说东京大学的文科类学院每年都会录取个别数学零分的考生。相反，对于数学成绩稍微低一点就会影响录取结果的人，就需要透彻地学习数学了。我们可以利用周末或者假期学习，不能只是简单地死记答案、背诵公式套路，而是要不断出错、不断尝试，经历一番苦战才能拿到分数。

至于理科综合和社会科学，我们首先要调查目标院校的出题倾向和难易水平，锁定学习范围，在此基础上掌握知识点间的因果关系、整体体系和学习顺序，然后在整理要点的同时开展学习。在高考前的最后三个月则应该不断地进行总复习，直到进入高考考场。（高二·福冈）

---

① 日本的高考一般分为两次考试。第一次是全国统一考试，名为"中心考试"，成绩合格的人才能参加各大学自行主持的第二次考试。各大学第二次考试的时间并不相同，所以考生可以同时报考不同的院校。——译者注

作者之见

这位同学应该是文科生吧？如果是的话，那么这种"首先完成现代文、古文和英语这些擅长科目的学习，使其达到高考水平"的学习策略似乎还不错。确保在早期阶段学完重要科目非常关键，因为"学习迁移"的效果不仅可以为其他科目的学习带去积极影响，而且可以使人获得精神上的安全感。如果临近高考却还不能完全掌握任意一门科目，那么考生就会开始焦虑，甚至还可能陷入无法专注于学习的恶性循环之中。

但是，过于清晰地划定各个科目的学习顺序也不一定妥当，因为即使某一门科目已经达到了能够参加高考的水平，考生也还需继续努力学习这门科目，这样才能保持相应的学习水平。而且，人脑会在无意识中对各门科目进行关联以加深相互之间的理解，所以完全独立地学习各门科目也未必是一件好事。

另外，把理科综合和社会科学等记忆量比较大的科目放到高考前学习，这一点也有待商榷。临近考试前记忆知识的效率的确会很高，但是在记忆量很大的情况下，这种做法会适得其反，因为会产生记忆的干扰。往头脑中硬塞知识会造成记忆的混乱和模糊，由此导致失败的例子并不少。我建议大家要充分考虑到这些问题点，并在此基础上制订长期的学习计划。

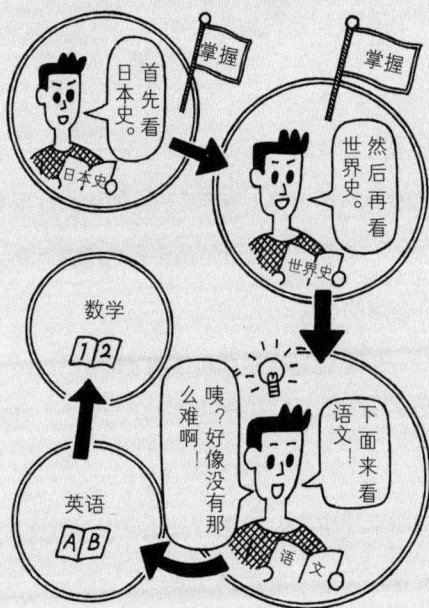

第 6 章

天才的记忆机制

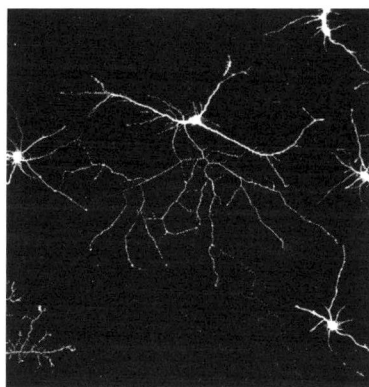

导入了水母荧光基因的发光神经元

6-1 改变记忆的方法

本章将为大家讲解记忆的种类和性质，让我们一起通过记忆的各种特性来学习人脑的"使用方法"吧。同时，我将在本章讲述隐藏于人脑中的、能充分调动记忆力的秘诀，这也正是我想通过本书强调的核心内容。

在这里，我想先从一个实验开始，以确认大家对于"记忆"的印象。那么，请大家回忆一下自己"过去的记忆"。不管什么事情都可以，请具体地回忆一下。大家会想起些什么呢？

在上学途中摔倒并受了伤。

在学校的考试中取得了好成绩。

没有遵守与朋友的约定。

被恋人甩了。

每个人都能想起很多事吧？而且如果继续回忆下去的话，应该还能想起更多，我们的记忆好像是无止境的。

当然，能想起来的具体内容因人而异，每个人都有各种各样的记忆。只是不知大家注意到了没有，我们现在能想起来的记忆都有一个重要的"共同点"。

那就是，它们都是自己亲身经历过或者体验过的事情。

"什么呀，这难道不是理所当然的吗?"一定有人会这么想吧。事实上，应该说这是一个非常惊人的事实，因为除了这些事情以外，我们的头脑中明明还存在着其他与之种类不同且数量庞大的记忆，比如三角形的面积公式、英语单词、圆周率、上学的路线、演员或歌手的名字，等等。

在我们的头脑中充满了各种各样的记忆，这些所谓的"知识"或"信息"都是我们在过去慢慢积累起来的。

但是，当我要求大家回忆过去的时候，虽然说过回忆起任何事情都可以，但是恐怕也没有人会想起这样的知识吧，比如"圆周率约是3.14"什么的，尽管这也属于过去的记忆。

虽然统称为"记忆"，但记忆并不只有一种类型。简单来说，它包含"能轻易想起来的记忆"和"不能轻易想起来的记忆"。

这里，我们将用术语来定义这两种记忆。在本书中，我们将那些能轻易回想起来，也就是与自己过去的经验相关的记忆称为"经验记忆"；与此相对，那些缺少契机就难以回想起来的知识或信息类的记忆，我们称之为"知识记忆"。

大家肯定有过"一时蒙住"的经历吧。话明明已经到嘴边了，可怎么也想不起来。在这种情况下，想不起来的应该大多都是人或物的"名字"，也就是所谓的"知识记忆"。通过刚才的实验我们能够知道，知识记忆是无法被轻易想起来的，唤醒它需要一定的条件，而当条件不充分时，想不起来也就没什么可奇怪的了。一时想不起某件事并不是失智症的前兆，这只是因为知识记忆本来就不太容易被想起来。

遗憾的是，为了应对学校的考试而必须要掌握的知识基本都属于知识记忆，比如汉字的读法、历史年号、英语单词、将军的名字，等等。如果条件不充分，知识记忆就无法被及时回想起来，所以我们在考试时才会感到焦虑。

说到这里，大家应该已经明白要怎样学习才能应对考试了吧？没错，重点就是要把考试内容作为经验记忆而不是知识记忆。

我们不仅可以很轻易地想起经验记忆，而且在记忆时也很轻松。大家想一想，我们是不是很容易就能记住和自己密切相关的事呢？经验记忆更好的一点是，它不容易被我们忘记。随着时间的推移，我们也许无法立刻想起某些知识，却仍然能比较清楚地记起经历过的事。与知识记忆相比，经验记忆真的好处多多。

经验记忆

知识记忆

这个人叫什么山什么夫来着？

考试

脑心理学专栏 16 / 恋爱期的脑

"我有些朋友的学习成绩在谈恋爱后马上就下降了。这到底是谈恋爱的错呢，还是因为本人不够努力？"

经常有人询问我学习成绩与谈恋爱之间到底存在怎样的关系。不过大家有没有思考过，为什么人脑生来就具备"恋爱"等多种情感呢？

"恋爱"指被特定的异性所吸引时产生的情感。人一旦陷入恋爱，眼里就再也容不下其他异性了。对此，尽管有人将这一现象解释成是自认为优秀的人想要繁衍子孙后代的意志体现，但实际上我们还可以从不同的角度对此进行解释。

世界上现存三十几亿与我们性别相反的人。我们不可能与所有的异性相遇，所以想从世界范围内挑选出一位"真正"适合自己的、独一无二的异性是不可能的。也就是说，我们每个人都难逃这样的命运：忍受在某种程度上还算让我们满意的爱人。明明在这个世界的某个地方或许存在着更适合自己的人，现在却不得不满足于身边的这一位。

能够圆满解决这种不合理状况的就是"恋爱情感"，它会使脑产生错觉，觉得"自己不会再考虑其他人了""这个人就是我的一切"，以此弥补我们在满足感上的欠缺。实际上，等到恋爱情感冷淡下来，很多人甚至会惊讶于自己的愚蠢，感慨自己"当初为什么会喜欢那样的人"。

恋爱情感是通过 A10 和前额叶皮质的联动作用产生的 [①]。一旦发生联动作用，人脑就会逐渐被恋爱对象占据，除了喜欢的人以外，其他事物都会被脑排除，就连在学校里学习的知识也不例外。德国诗人弗里德里希·冯·洛高曾写道："恋爱开始，智慧消失。""恋爱"是人脑产生的一种巧妙机制，它可以让人不再考虑除恋爱对象以外的其他事情。所以从脑科学的角度来看，恋爱后成绩下降也是很自然的事。

当然，因为想跟恋人考上同一所大学，所以互相鼓励、刻苦学习，最终考上了之前完全考不上的、门槛很高的学校，这样令人欣慰的例子虽然不多见，但是我也的确听说过。所以，我们不能断言恋爱在任何情况下都会对学习造成不好的影响。

[①] Xu, X., *et al*. Reward and motivation systems: a brain mapping study of early-stage intense romantic love in Chinese participants. *Hum Brain Mapp* 32, 249-257 (2011).

6-2 联想很重要

多次学习过同一本参考书的人，在考试时也许会像下面这样回想起在参考书中出现的内容："哦，那本参考书的某一章的某一页中，曾用图例讲解过这个部分啊。"大家也有过类似的经历吗？有时，与参考书毫无关系的事物也会成为我们回忆的触发条件，比如有时候我们脑中会突然浮现出之前在学习时吃的零食袋子上的图案，然后就会想起来："对了，那时候我做过这道题。"

这种回忆方式看似偶然，实质上却是一种利用了经验记忆的好方法。换句话说，即使是单纯的知识记忆，只要能与我们的个人信息或者周围环境相互关联起来，其性质也会变得类似于经验记忆。

这种把想要记忆的内容与其他内容关联在一起的方法叫作"联想记忆法"。我们可以把一个知识点想象成是一幢"房子"，而在房子之间修建道路就形成了知识的"小区"。

通过联想将事物逐一关联，使知识的内容变得更加丰富——我们称之为"精致化"。"精致化"这个词稍微有点不好理解，简单来说就是通过道路使多幢单独的房子联结成小区，再让多个独立的小区联结为城市。因此，这也可以说是"知识的城镇化规划"。

请大家注意，这里的重点在于精致化能关联起各种事物，并且能让我们更加容易地回想起这些事物来。

这是因为，"回忆"这种行为就像是住在"知识城市"里的人想去拜访朋友（想要想起来的知识），交通越发达，到达朋友家的方式就越多。也就是说，回忆会变得比较容易。

知识记忆和经验记忆的区别就在于此，这也类似于穷乡僻壤和大城市间的差异。偏远地区交通不发达，即使有路也不好走，所以很难到达目的地。这也正是知识记忆不容易被人想起来的原因之一。

　　经验记忆是由很多记忆组合而成的（细致稠密的道路网）。即便是像"今天早上吃了煎蛋"这样简单的经验记忆，也是由"煎蛋的味道、气味、颜色，吃煎蛋时餐桌的摆设、坐在椅子上的感觉，一家人围着餐桌吃饭时谈话的内容"等众多难以逐一解析的元素交织而成的，"信息大城市"的关联程度更可想而知。因此，我们很容易想起经验记忆也是理所当然的。

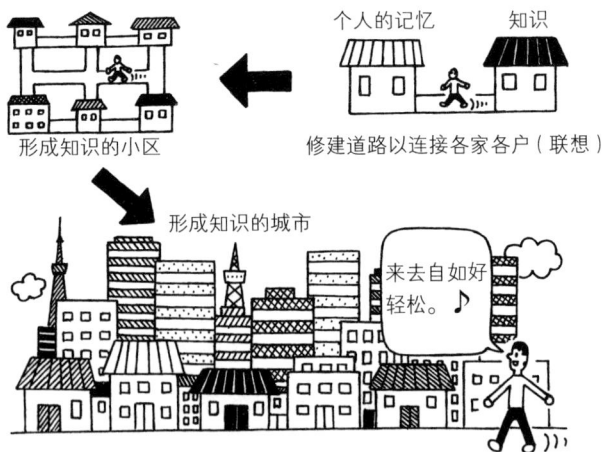

个人的记忆　　知识

形成知识的小区　　修建道路以连接各家各户（联想）

形成知识的城市

来去自如好轻松。♪

经验记忆的这一优点完全可以应用在学习中。

哪怕只是为了记住一件事，也应该把这件事和其他事尽可能多地关联起来。关联得越多，我们就越容易想起它来。即使想起这件事需要一个偶然的条件，通过关联相关信息想起它的概率也会提高很多。

这样说来，大家在背英语单词的时候不要死记硬背，而是应该结合用法或例句去背，如果可以的话最好也记住词源，这样形成的记忆才更容易被我们调用。我们要尽量有意识地让记忆精致化。

"谐音记忆法"是一种常用的记忆精致化的方法。尽管有些人认为利用谐音记忆属于"歪门邪道"，但从脑科学的角度来看它是非常有效的。换句话说，对于人脑而言，它是一种负担比较小的记忆方法。所以请大家不要担心，光明正大地使用谐音记忆法去背诵吧。如果因为在意别人的目光，觉得难为情而放弃谐音记忆法的话，就意味着失去了一个难得的、可以轻松记忆的机会。

另外，在使用谐音记忆法的时候，不仅要记住词汇的音律、节奏、规则，"想象"词汇表达出的含义也很重要。比如用"山巅一寺一壶酒，尔乐，苦煞吾……"来记忆圆周率 3.141 592 653 5……的时候，我们可以在脑海中想象文字所描绘出的情境。这样一来，记忆就会更加精致化，记忆的效果也会进一步加强。

　　　　　　　　想象力比知识更重要。

　　　　　　　　　　　　　　　——爱因斯坦（科学家）

　　此外，"想象"这种行为还可以强烈地刺激海马体[①]，也就是说它具有精致化和活跃海马这两个优点。越充分地发挥自己的想象力，记忆就越能长时间地保留下来。

　　要想顺利地发挥想象，最好的方法就是自己创作用于记忆的谐音，因为创作过程本身就是一种"经验记忆"，所以自然就能想象出谐音文字所描绘的情境来。

　　当然，即使不使用谐音记忆法，联想也很重要。只是在这种情况下，与单纯地把知识或信息关联起来相比，我们更需要充分发挥自己的想象力，让知识的内容更加丰富。

　　如果条件允许，大家最好能结合自己的实际经验记忆，这样效果会更好。自己的经验与记忆关联得越多，记忆就越接近经验记忆。

　　接下来，我将向大家进一步介绍能够形成经验记忆的方法。

[①] Maguire, E. A. & Hassabis, D. Role of the hippocampus in imagination and future thinking. *Proc Natl Acad Sci USA* 108, E39 (2011).

平城京是多么美丽啊。

我现在的状况，应该说是「屋子真的好乱」吧……

经验谈 11 / 大人们基本都忘了在学校学过的知识

我问我父亲几个关于复数的简单问题，但他完全答不出来；要问我母亲二次方程的解法，却发现她连只需要进行简单计算的盐水类应用题都不会做。他们甚至还这样为自己开脱："只要会加减法就行了，除法什么的在毕业以后就用不到了。"

国家的教育部门为什么不能让不喜欢数学的人不学数学呢？毕竟在现实中有超过半数的大人，他们的数学水平和我父母差不多。对此，我的老师这样回答："比起掌握这些数学知识，更重要的是在学习数学的过程中能逐渐培养一个人的逻辑思维能力。"

这样说来，我哥哥做的那些公务员考试的试题册中就有推理题。数学题的类型一般都比较单一，而推理题却没那么简单。如果学校干脆不开设数学课，而是教大家怎么做推理题，这样如何呢？我觉得即使是讨厌学习数学的人也能因此掌握逻辑思维的能力。（高二·爱知）

作者之见

其实大家可以想象一下，如果学校真的强制学生做推理题，那么到头来学生们也还是会像讨厌数学一样厌恶推理题。举例来说，即使是我们特别喜欢的电视游戏，一旦被编入学校的课程且每周都安排考试，恐怕大家都恨不得马上扔掉游戏机吧。其实，无论学习什么内容都一样，问题不在于数学本身，"被强制学习"才是关键所在。

基于现实情况而言，从长远来看，如果想要培养自己的逻辑思维能力，与其只做推理题，还不如学习经过两千多年历史锤炼的、已经形成完美体系的数学更加行之有效。即便我们将来还是会忘记复数和盐水类问题的解法，这两种方法在效率上的差距也还是非常明显的。

　　大家到了一定的年纪以后就能认清这个事实了。现在还无法接受这个解释的人，就当作是我在骗你们吧（笑）。放心，不会有什么损失的。

6-3 向别人讲述学到的知识

你想记住哪些信息，就把哪些信息讲给自己的朋友或者家人听——这就是形成经验记忆的最简单的方法。一旦输出了自己已经记住的信息，各方面的关键词就会关联起来，记忆也能因此实现精致化[①]。

经验记忆形成后，我们能在需要这些信息时想起"那时我讲过这些内容哦""我当时是一边画图一边讲的呢"等经历，它们会成为引发经验记忆的条件，让我们可以在以后轻松地回忆起当时所讲的内容。

有些人总想把自己看到的电视节目或者杂志上的内容马上讲给别人听，有时甚至自鸣得意，仿佛他讲的东西别人都不知道一样。这样做或许会给周围的人带来困扰，但他们自己却能在多次向他人讲述的过程中真正记住那些内容。博学的人几乎毫无例外，都是在平时就有强烈的讲述欲望的人。通过向他人讲述，可以掌握许多不同领域的知识。

当然，除了这些"杂学"，大家也要试着多向朋友或者父母讲

---

① Pyc, M. A. & Rawson, K. A. Why testing improves memory: mediator effectiveness hypothesis. *Science* 330, 335 (2010).

述我们在上课时学到的内容，这样一来，刚刚学会的知识就可以慢慢地渗入脑中。就像第 2 章中讲过的那样，相对于输入，人脑更重视输出，而"讲述"就是最大的"输出"策略。

向人讲述的好处不止于此，它还可以帮助我们确认自己是否能够充分理解那些刚刚记住的内容，或者有没有什么弄错了的地方。因为要是连自己都做不到准确理解，那么就无法向别人讲述了。而且，在我们向别人讲述的过程中，还可以再次确认自己是否真正理解了这部分内容、理解到了哪种程度，以及进一步确认自己还没理解哪些部分。

因此，我们最好要选择一些不懂所讲内容的人作为讲述的对象，比如爷爷奶奶、弟弟妹妹或者学弟学妹，这样效果会比较好。在我们身边其实有很多可以作为讲述对象的人，但假如你无论如何都不好意思对着别人讲，那就对着布偶玩具讲吧，这也是一种方法。

虽然"经验记忆法"看起来像是万能的，但遗憾的是它也有缺点，那就是经验记忆会逐渐转化成知识记忆。即使是好不容易才形成的经验记忆，如果我们置之不理，那么我们在记忆中带入的体验感就会慢慢弱化，它终有一天会转化为知识记忆。如果道路荒废、无人使用，再大的城市也会逐渐萧条破败，变成穷乡僻壤。如果情况进一步恶化，这座城市说不定会变成一座废城。

其实仔细想一想，无论什么知识，在一开始的时候应该都是由某种经验积累而来的，只是经验的本质会随着时间的流逝而逐渐淡化，最终转变为纯粹的知识。因此，经验记忆会在不知不觉中变成单纯的知识记忆，所以即使遇到很简单的问题，我们也很有可能在考试时突然想不起答案是什么。

当然，这些记忆仍然保存在人脑中，只是因为它们已经转变成了知识记忆，所以如果没有足够的条件我们是想不起它们的。这样一来，这些记忆也就没有什么意义了，毕竟从考试分数上来看，"想不起来"就相当于"没有学会"。

无论一座大城市曾经多么宏伟辉煌，如果道路无人使用，那么这座城市最终也难逃杂草丛生、破败荒废的命运。所以，我们要试着经常向别人讲述那些必须能随时想起来的重要知识，通过自己的不断努力，让它们重新转化为经验记忆。

经验谈 12 / 选择参考书的要点

说到我在选择参考书时的要点……其实主要就是买图多的。还有，各级标题都最好很大、很清晰，因为这能方便我在头脑中梳理知识体系。另外，分段比较多的书也不错。

我还会认真地看一下内容。如果是那种不说明理由，只会说"这里会出题，所以要记住"，而且也没有详细的参考答案的书，我就不买。最后，我会读一下"前言"，如果能从中受到鼓励，那

么即使这本书比其他书贵了 100 日元（约合人民币 6 元），我也会把它买下来。（高一·北海道）

作者之见

选择参考书时，自己的"感觉"非常重要。

有些人会将"图多"作为重要的选择标准。一般来说，图不仅可以帮助我们理解书中的内容，还能让这些内容在脑中固定下来。如果在学习时只有文字说明，人会相对缺乏想象力，而图正好可以弥补文字的缺点。

要想让图产生更大的效果，重点在于要把图放在视野的左侧。人更容易记住位于视野左侧的内容，这大概是右脑在发挥作用。相反，读到或者听到的那些和"语言"相关的内容，则似乎是从右耳进入人脑并由左脑来记忆的。如果参考书连这些细节都考虑到了，那就更好了。

正如这位同学提到的那样，参考书的标题是否清晰也至关重要。分类较为系统的知识让人比较容易理解，而且我们在掌握了这些知识以后，不仅可以通过标题中的关键词轻松地回忆起相应的知识点，还能比较方便地运用它们。最后，如果参考书上没有清晰地标明出题依据或参考答案而只写出了最终结果，那么就不能称之为"参考书"了，我们只要在临近考试前用总结了知识重点的书来梳理知识点就好了。

6-4 声音、听觉与记忆

在上一小节中我们说过，"向他人讲述"是形成经验记忆的最快的捷径，而"讲述"有益于记忆的理由不止于此，因为人在讲述时一定会发出声音。

大家知道吗，其实一般来说，使用耳朵学习要比使用眼睛学习效率更高，比如别人说过的一些伤害了我们的话会一直留在我们的心里。通过耳朵获得的记忆是非常牢固的。

秘密就在于脑的演化过程。在动物漫长的演化过程中，视觉的高度发展是发生在相对近期的事情。实际上，虽然鼠、狗和猫等动物的视觉不及人类，但其听觉却很发达，可以分辨出从远方传来的微弱声音。也就是说，在漫长的进化过程中，哺乳类动物更依赖耳朵而不是眼睛来生存。

在前文中我们还提到，脑并非专为人类而生，现在的人脑是在动物的演化过程中逐渐发展形成的。虽然现在人脑在日常生活中主要依赖"视觉"进行记忆，但它仍然明显残留着原始动物的特征，人类能通过听觉记忆也恰巧证明了这一点。演化的历史有多长，听觉记忆就有多牢固。

大家现在也应该还会唱小时候学过的歌曲吧？像《两只老虎》和《丢手绢》这样的儿歌，我们甚至能跟着旋律想起歌词。

歌词明明应该属于知识记忆，我们却能轻松地回想起来。但是，如果不跟着旋律只回忆歌词，那可能就有点儿费劲了。这就是听觉记忆的魔法。

记歌词也是一样的原理。如果只依靠视觉，即只用眼睛看歌词来记忆，那么必然会花费很多时间。而如果能跟着旋律唱出声来，那么记歌词就相对轻松多了。

现在大家能理解调动听觉记忆的方法是多么有利了吧？大家在学习的时候也请多多利用耳朵吧，不要只用眼睛去记忆。

当然，并不是说只使用眼睛和耳朵学习就足够了，人的身体上还有很多其他的感觉器官，我们最好能尽量多地灵活使用它们。请大家记住，学习时一定要动笔写、出声读，通过反复输出知识来加强记忆。

比如在一个记忆汉字的实验中，如果我们在测试时把参与者的手固定起来，让手不能自由活动，那么参与者的测试分数就会下降。由以上实验结果可知，人的记忆和身体是密切相关的。最大限度地调动手、眼、耳等感觉器官以充分刺激海马体，这不失为一条学习的捷径。

现在有些单词书会把关键词印刷成红色，然后随书附赠一块红色的透明塑料薄板，这样一来，当塑料板覆盖在书上时，红色的单词就会消失不见，人就可以利用这一原理背诵单词了。但是，这种方法很容易让学习变成只通过看，即只依赖于视觉的行为。像这样的参考书，大家最多在临近考试前用它回顾重点知识就行了。

脑心理学专栏　17　/　小矮人

脑是一个使用频率越高性能就越好的神奇器官，因此，我们最好在日常生活中尽量多地使用脑。

不过，锻炼脑不等于不顾一切地胡乱使用脑，我们需要使用更高效的锻炼方法。

请大家先看一看下页图中这个奇怪的"人"。这个人偶呈现的是控制人体各部分的神经元在人脑中所占的比例，我们称它为"小矮人"（homunculus）。小矮人的手指和舌头很壮硕，手腕、腿和躯干却骨瘦如柴，这意味着人脑对来自手指和舌头的信息非常敏感。实际上，有人甚至认为人类指尖的感受能力可以与猫敏感的胡须媲美。

小矮人

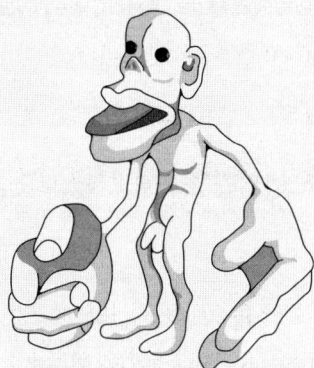

反过来看，"使用手指"也是一种有效刺激人脑的方法。我们只要在平时稍加留意就可以完成指尖运动，也不会花费太多时间。在学习时除了要用眼睛看，还要动笔写，其重要性已无须多言。此外，在上学途中空手做一做手指操，或者培养做针线活、演奏乐器以及打字之类的兴趣等，只要肯动脑筋，我们在任何时候都可以刺激脑。

也许有人担心这样做会因过度用脑而导致脑疲劳。实际上，脑是不会感到疲劳的。如果大家在学习的时候感到疲劳了，那么恐怕不是因为脑，而是因为眼睛或肩膀等身体部位感到疲劳了。

为什么这么说呢？人脑的机制决定了它即使不分昼夜地一直

工作也不会筋疲力尽。这是理所当然的，因为人脑一旦休息了，就连我们的呼吸也会跟着停止。脑非常坚韧，即使一生不停地工作也不会感到疲惫，它原本就是被大自然这样设计出来的。因此，大家也不要有所顾虑了，让我们不断地刺激它吧。

> 我们的人生随我们花费多少努力而具有多少价值。

> ——莫里亚克（作家）

不过，尽管人脑不会感到疲劳，由眼睛产生的疲劳感却会扩展到头部、肩颈和腰部等部位，所以必须尽早采取措施。据美国指压疗法的研究者介绍，用两根大拇指按压眼部内侧的凹陷并向上推，是一种比较有效的、能消除眼疲劳的方法，或者用 40 摄氏度左右的物体热敷眼睛 15 秒也能达到不错的效果。此外，在缺乏维生素 B 和维生素 C 的状态下眼睛也容易感到疲劳，所以大家一定要注意保持营养的均衡。

6-5　理解记忆的种类和年龄的关系

在前文中，我曾向大家介绍过"知识记忆"和"经验记忆"这两种记忆。难道在我们的头脑中只存在这两种记忆吗？当然不是，还有另外一种记忆也很重要。大家知道是什么吗？

这种记忆就是关于"方法"的记忆，比如怎么骑自行车、怎么穿衣服等，也就是做某件事的"顺序"和"做法"。

可能有人一时无法理解，为什么方法和技能这类信息也属于人脑记忆的一部分呢？刚出生的婴儿根本不会骑自行车，骑自行车的方法肯定是人在出生以后通过向别人学习才能掌握的。也就是说，是人"记住"了骑车的方法。这么一想大家应该就能明白了。我们把这种类型的记忆称为"方法记忆"。

知识记忆和经验记忆是"用头脑记住的记忆"，而方法记忆则可以说是"用身体记住的记忆"。当然，方法记忆实际上也是由人脑而并非人体记忆的，这无须多言。虽然运动员们常常说"我的肌肉已经熟记了动作"，但这只是一种比喻，因为肌肉没有记忆力。

知识记忆和经验记忆可以用"What is"来说明，相对地，方法记忆则可以说是关于"How to"的记忆。也就是说，知识记忆和经验记忆可以通过语言向他人传达，而方法记忆却是一种难以用语言说明、甚至完全无法说明的记忆类型。比如，我们再怎么细致地研究滑雪图书或教材，都必须亲自尝试滑雪才能学会。所谓的"方法记忆"，就是必须要通过实践才能掌握的记忆。

方法记忆有两个重要的特征。

第一，它是在不知不觉（无意识）中形成的记忆。滑雪的方法是我们在多次滑雪的过程中自然而然地掌握的。正因为如此，我们才说它是"用身体记住的记忆"。

第二，方法记忆非常牢固，难以遗忘。比如，即便我们多年不骑车或不打扑克牌，在必要时也能自然而然地想起骑车的方法或者打牌的规则等。但相对地，因为方法记忆太过牢固，有时也会对人产生一些不利影响，比如我们在运动时养成某种坏习惯，那么将来要改正它是非常困难的。

好了，现在记忆"三兄弟"已经全都到齐了①。老大是方法记忆，老二是知识记忆，老三是经验记忆。

这三兄弟的地位并不平等，它们有上下等级之分。

如下页图所示，最下面的一层是方法记忆，中间的一层是知识记忆，最上面的一层是经验记忆，我称之为"记忆三兄弟的金字塔结构"。层级越靠下，记忆就越原始，其对于生命存续的意义也就越重要。而越靠上的层级就越是得到了高度发展并具有丰富内容的记忆。

---

① Tulving, E. Multiple memory systems and consciousness. *Hum Neurobiol* 6, 67-80 (1987).

记忆的结构

经验记忆

知识记忆

方法记忆

高等

原始

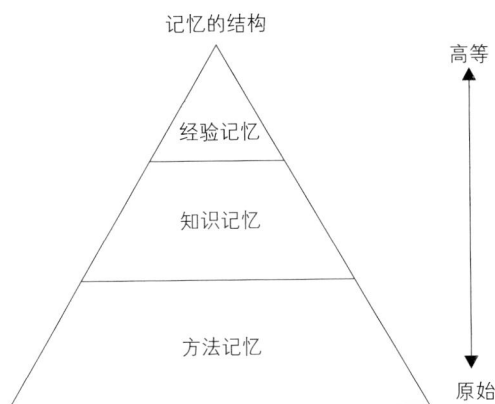

这一结构也同样适用于动物的演化过程。在演化方面，越是古老的原始动物，它们的方法记忆（三兄弟中的老大）就越发达；相反，越是高等动物，其位于上层的记忆就越发达。毋庸置疑，人类与其他动物相比，自然是位于金字塔顶端的经验记忆的能力比较高，甚至有些研究人员认为只有人类才拥有"经验记忆"[1]。

这个金字塔结构还可以应用在人类的成长过程中。随着婴儿逐渐成长为大人，人类最早开始形成的是原始的方法记忆，接下来是知识记忆，最后才是经验记忆。

想必大家都注意到了，从出生后到三四岁左右，我们几乎没有关于这段时间的记忆。其实这也是情理之中的事，因为在我们刚出

[1] Roberts, W. A., *et al*. Episodic-like memory in rats: is it based on when or how long ago? *Science* 320, 113-115 (2008).

生后不久的这段时间里，经验记忆还没有形成，所以那些与我们自己相关的记忆自然留存不下来。但在此时，方法记忆已经逐渐开始形成，所以我们才能掌握爬行和走路等"用身体记住的方法"。等到再稍微长大一些，知识记忆一旦开始形成，我们就能慢慢学会说话。但是，经验记忆却要在人类成长过程中很晚的阶段才开始形成，所以就像小时候自己在什么时间做了什么事情这样的记忆是留存不下来的。

实际上，在上初中之前，我们都是知识记忆比较发达，而一旦过了这个年纪，就是经验记忆占优势了。

比如现在的小学，老师会在孩子们10岁之前教他们九九乘法表，目的就在于充分调动孩子们发达的知识记忆，让他们牢记这些基础知识。这个年龄段的孩子虽然理解不了比较难的逻辑，但是在文字的排列、绘画以及音乐方面往往能够发挥出超强的记忆能力，比如小学生记忆动漫人物和游戏角色的能力就着实令人惊叹。这种能力会在迎来第二性征发育期的初高中时期衰退，而脑也会逐渐开始重视经验记忆。

经验谈　13　/　独家阅读法

在阅读有一定分量的图书时，想必很多人都会在自己觉得重要的地方画线，或者用记号笔做标记。我也经常这样做。

此外，我还会在书的封面背后按顺序列出自己总结的重点，比如"P23 形成记忆的是海马体"或者"P35 从知识记忆到经验记忆"等。这是不是有点像狗在陌生的环境中会撒尿做记号呢？读到一半左右，书的内容可能会逐渐变得复杂起来，或者我会忘记前面讲的内容，这时再往下读就有点费劲了，所以我会把写在封面背后的重点内容从上到下复习一遍。这样我就可以理清叙事的脉络，继续读下去了。

在读完整本书之后，哪怕已经过了一段时间，如果想引用这本书中的某些内容或者重新读一读这本书里的某一部分，这样的笔记也能派上用场。请大家一定要尝试一下。不过，如果书是从图书馆借来的，那大家还是不要这样做了。（高二・奈良）

作者之见

这正是一种活用了传统读书技巧的阅读方法。

从书中挑选出关键词，这种做法可以在脑中画出一张信息"地图"，是一种能高效掌握图书内容的方法①。通过使用这种方法，我们可以确认自己是否准确理解了书中的内容、是否还有模糊不清的地方，从这个角度来看，它也是一种复习方法。说起"阅读"，人们往往认为只要用眼睛就能完成，而这位同学却能转换思维，想到一边用手"输出"一边阅读，实在是很不错。

6-6 根据阶段改变学习方法

由前文可知，记忆的类型会随着年龄而发生变化。也就是说，每个年龄段都有该年龄段所擅长的记忆类型。

这也意味着，我们在学习时最好能选择与所处年龄段相匹配的学习方法。

例如，在初中时期的前半阶段，当人的知识记忆还比较发达的

---

① Nesbit, J. C. & Adesope, O.O. Learning With concept and knowledge maps: a meta-analysis. *Rev Educ Res* 76, 413-448 (2006).

时候，只要把考试范围内的知识"死记硬背"下来就足以应付考试，虽然很耗费精力，但好歹能过关。但是进入后半阶段，也就是备战中考的时期，经验记忆开始逐渐占据优势，此时仍然采用之前那种毫无章法的死记硬背法是行不通的。

如果注意不到自己的脑已经发生了重大的变化，只是一味凭借以前的"光荣历史"继续采用相同的学习方法，那么我们就会逐渐感觉自己的能力达到了极限。

此外，这些人还会感叹自己的记忆力下降了不少，觉得"再也不能像以前那样轻松地记住知识点了"，其实这只是因为记忆的类型发生了变化。如果我们不能尽早认清这一事实，就很有可能跟不上学校的教学进度，成绩也会有落于人后的危险。

有些人上小学时明明成绩很好，但到了初高中阶段成绩却开始急剧下降，原因很有可能就在于他们并没有采取相应的措施以应对自己记忆类型的变化。因此，充分了解自己的记忆习惯并能随机应变、采取合适的应对措施，这一点非常重要。毕竟谁都不想被别人说"过了二十岁就只是个凡人了"[1]。

相反，有些人到了初高中以后成绩才开始突飞猛进。不论他们

① 出自日本的一句谚语：十岁时是神童，十五岁时是才子，过了二十岁就只是个凡人了。——译者注

本人是否清晰地认识到了这一点，可以肯定的是，这些人很早就察觉到了自己记忆类型的变化并采取了合适的学习方法，正因如此，他们的成绩才会提升得这么显著。

进入初高中阶段，与死记硬背的记忆方法相比，更重视原理和逻辑的经验记忆会逐渐占据优势。经验记忆需要人具备充分理解事物并掌握其原理的能力，因此学习方法也要进行相应的调整，死记硬背显然是行不通的。一旦进入高中阶段，死记硬背就再也算不上是一种有效的学习方法了。

当然，死记硬背本来就有重大缺陷，因为人通过这种方法记住的知识很有限，这些知识的应用范围也是有限的。相反，如果能通过逻辑和原理记住知识，那么就可以将知识应用到其他具有相同逻辑和原理的事物上。即使记忆的总量相同，相较于通过死记硬背获得的记忆，逻辑层面的记忆也可以更广泛地发挥作用。也就是说，经验记忆的应用范围比较广。

所以，上了初中以后，大家应该尽早舍弃依赖于知识记忆的学习方法。英国诗人爱德华·杨曾说过："拖延是时间的小偷。"如果目光总是停留在过去，总觉得自己还能靠死记硬背的方法取得好成绩，那么将来可能会输得很惨。

经验谈 14 / 通过分析词源背英语单词

　　有些人觉得通过分析词源背英语单词能记得很牢，而且在遇到不认识的单词时也可以推测出是什么意思，可谓一石二鸟。但我却从来不思考英语单词的组成原理，反而觉得依靠反射神经一个一个地背单词更适合自己。虽然单词书中不仅列出了例句，还附送了 CD 等，但我一直都无视这些内容。结果就是，让我翻译英语倒没什么问题，可我却怎么都写不好英语作文。

　　比如，我记得 abandon 有"丢弃"的意思，但前段时间我在写作文时用 abandon 表达"丢垃圾"的"丢"，就被老师扣了分。我

听说到了大学，不认识的单词会越来越多，还会要求用英语写论文，这真是让人沮丧。（高三·秋田）

作者之见

　　如果你真的能通过死记硬背的方法记住单词，那么这种方法倒也不是不能用。不过需要注意的是，一般来说，死记硬背是一种不利于知识应用的记忆方法，因为通过这种方法积累下来的知识并没有在神经网络中形成有机的关联，可以说这是一种"地广人稀"式的记忆。而且，通过死记硬背记住的知识很容易变得模糊不清，这会导致我们在考试时因疏忽大意而出错。更为重要的是，这样背下来的知识忘得也非常快。

　　实际上，英语单词本身几乎没有什么意义，只有用在文章或者对话中时才有意义。这一点非常重要，从以上这位同学不擅长写英语作文的事实中也可以看出这一点。不仅是单词，在英语中语法（也就是原理）也非常重要，因为单词的意思会根据前后语境的不同而发生变化。

　　从广义上来说，"词源"也是一种原理。如果知道单词的由来，那么即使是第一次见到的单词，在很多情况下我们也可以推测出它们的意思。这就相当于我们具备了能掌握大量单词的能力，今后只要努力地应用这种能力就可以了。要努力将脑中已经积累起来的知识纵横相连，并不断丰富它们的内容。如果在记住词源的基础上再掌握语法，应该就可以把英语变成自己擅长的科目了。

6-7 方法记忆的魔力

从这里开始直到本书的最后，我将对"方法记忆"进行详细说明。

方法记忆非常深奥，它又被称为"魔法记忆"。如果能够有效利用方法记忆，它无疑会成为帮助大家学习的得力助手。

我在上一章向大家讲解了"学习迁移"，即人一旦掌握了某一领域的知识，就能更轻松地理解其他领域的知识。实际上，这也是由于方法记忆将知识相互关联而产生的结果。

无论什么领域，我们要想学会该领域的某一部分内容，就不仅要学会这部分知识，还需要掌握理解该领域的方法。这种"理解方法"就是方法记忆。真正掌握某个领域，并非指仅学习了该领域的知识，而是自然而然地掌握了对该领域的"方法记忆"。正因为有方法记忆作为基础，我们才能加深对其他领域的理解。比如，会打棒球的人已经掌握了打棒球的姿势和规则（即方法记忆），只要运用方法记忆就可以轻松地学会垒球。

我们在前面提到过，方法记忆的产生和运用都是在不知不觉（无意识）中发生的，而且对"顺序"的记忆自然而又牢固。其实说得更具体一些，知识或信息都是通过有意识的学习积累起来的，而"理解方法"则是我们在无意识的状态下记住的。

也就是说，方法记忆会自主工作、不以人的意志为转移，所以才会常常在我们意想不到的地方发挥出超强的威力。

日本将棋或国际象棋的大师可以在比赛后完全还原对局中的盘面。不仅如此，据说他们甚至能不出差错地回想起过去几十局比赛的棋谱。在外行人看来，这些职业棋手仿佛个个都是记忆天才。

的确，如果动用知识记忆，把"7四角、5三成步、6九银"等走棋都硬背下来，那可真是太费劲儿了。可能有人会这样反驳："棋手们都亲自参加了比赛，所以那些是经验记忆而不是知识记忆。"大家说的没错，事实的确如此。只不过，除了亲自参加过的比赛，哪怕是看了和自己毫无关系的其他人的比赛，大师们也能把所有的棋谱都轻松地记下来。只凭知识记忆就能做到这种程度，真的算是拥有超人的记忆力了吧。

我们姑且不论知识记忆能力很发达的孩子们。就成年人而言，实际上没有哪位大师能够只凭知识记忆就把这些棋谱全都记住的。

也就是说，大师们在记忆棋谱时，不仅使用了知识记忆和经验记忆，还使用了方法记忆。他们会先把对局中出现的盘面"模式化"，然后再进行记忆。也就是说，他们在无意之间已经找到了对棋谱进行分类和分析的"规律性"。

关于这一点的证据就是，哪怕是大师也不能完全记住在对局中出现的那些绝对不可能出现的模式（例如我这样的外行人随意摆出来的盘面），因为此时人是无法使用通过积累经验而形成的方法记忆的。这样一来，大师们惊人的记忆力也就与常人无异了。

能够使用方法记忆记住的棋谱　　　不能使用方法记忆记住的棋谱

由此可知，那些乍一看让人以为是"天才般的能力"，其来都来源于方法记忆。创造天才的正是方法记忆，这也是它被称为"魔法记忆"的原因。

擅长数学的人常说他们在考试时是靠直觉来解题的，但只靠偶然闪现的直觉根本无法保持良好成绩。只有准确理解问题的内容，并把问题的模式类型化，才能出现正确的直觉。即使是惊人的数学发散思维能力，其背后也一定有可靠的方法记忆在发挥作用。

要想积累方法记忆，不知要经历多少烦恼、解决多少问题才能完成。一个从来不学习、只顾悠闲度日的人，直觉是不会在必要的时候突然出现在他的头脑中的。

经验谈 15 / 竟然不能去师资优秀的补习学校?!

越是好的补习学校就越有优秀的老师。所谓优秀的老师，就是为了让我们考上目标学校而教给我们高效解题方法的人。

但是，对我来说，如果老师一直都是详细具体地把内容提前"灌输"给我，我反而会觉得不安，会担心自己在进入大学之后还能不能有自主学习的能力。其实仔细想想，上小学、初中和高中的时候，如果对学校老师的教学方法不满意，那么去上补习班或者补习学校就好了。在那里有专业的老师授课，他们会仔细研究我们需要学习哪些知识，并且能把这些知识清晰易懂地教给我们。大学里的教授虽然也都是优秀的研究人员，但是听说在"教学生"这件事情上，有的人还不如初高中的老师，或者说这些人原本就对"教学生"不感兴趣。

所以我想，在进入大学之前不仅要掌握能够通过高考的知识，是不是还必须掌握一套适用于自己的学习方法呢？这么一想我又觉得，似乎不应该去师资优秀的补习学校上课了。

但是到了高三，我实际去补习学校上了课，老师们教给学生的并不是能得高分的小聪明、小花招，这让我很惊讶。我从教数学的长冈老师那里学到了推论的严谨性，从教现代文的出口老师那里学到了人类深奥的思想。我开始觉得，也许补习学校的作用正在于让后来者尽早地继承先贤所开创的世界观和方法论，并在其基础上进行进一步的积累。（高三·琦玉）

作者之见

其实我常常收到类似的咨询。大学是教育机构，同时也是学术研究信息的传递机构，因此大学老师并不是因为喜欢教书或者擅长教书而去当老师的，可能有很多刚进入大学的同学会对此感到十分困惑。不管怎样，从小学到高中的被动学习和进入大学后的自主学习，在性质上都可以说是截然不同的。

但是，如果因此就决定"为了上大学以后的学习考虑，我不能去师资优秀的补习学校"，那就过于武断了。相信这位同学已经注意到了，现实其实正好相反，我们不能被表面的效果蒙蔽了双眼。跟随优秀的老师学习，就能掌握适用于各种情况的解决方法，因此完全没有必要对未来感到不安。

此外，并不是只有那些能将高效的学习方法传授给我们的人才算是优秀的老师。这一点很难一概而论，大家只能自己去体会了。但是不管怎样，懂得"什么样的老师才是好老师"并不是一件没有意义的事情。我常常遇到一些在升入大学之后学习能力明显提升的学生，对此他们这样解释道："因为我在初高中的时候遇到了优秀的老师。"我认为，能遇到优秀的老师是一件非常幸福的事。

6-8 会"膨胀"的记忆方法

这里也就不隐瞒了，我虽然正在写关于"记忆"的书，但其实却几乎不会背九九乘法表。真的没有骗大家，我现在能记住的其实只有"二二得四""二三得六""二四得八"这三句口诀。

常常有人问我为什么不会背九九乘法表。原因很简单,因为我在上小学时很讨厌学习,当然那个时候的成绩也总是比较靠后。

但是,即使不会背九九乘法表,我现在也没有什么困扰。实际上,我在高中阶段也没有上过补习班,而是自己规划高考前的复习,并最终以应届生的身份考上了东京大学理科一类。进入大学以后也没有落于人后,不仅以第一名的成绩考入药学部,而且在东京大学的研究生考试中也排名第一。

那么,像我这样连九九乘法表都没记住的人,考试成绩为什么能比那些牢记九九乘法表的人更优秀呢?接下来,我就把其中的秘诀教给大家,因为这是任何人都可以做到的。

这个秘诀就是"方法记忆"。

换句话说,我没有去背九九乘法表,取而代之的是掌握了"九九乘法口诀的计算方法"。

我们以"6×8"为例。我虽然不知道"6×8"在九九乘法表里是怎么背的,但在这里不需要动用知识记忆,因为我可以瞬间得出答案,就像下面这样。

$$\begin{array}{r} 60 \\ -12 \\ \hline 48 \end{array}$$

或者像下面这样也可以。大家知道这两种算法是什么原理吗？

$$\begin{array}{r} 40 \\ +\ 8 \\ \hline 48 \end{array}$$

我脑中只有 3 种处理数字的方法，它们分别是"10 倍""2 倍"和"1/2"。只要理解了这 3 种方法，我们就可以得出九九乘法表中所有算式的答案，而且是在瞬间就可以得到。

说得更具体一点，其实这 3 种方法与"乘以 10""乘以 2"和"除以 2"完全不同。这里不必去做乘法和除法，需要的只是一些对数字的简单操作，比如把数字翻几倍或者减半，或是在数字后面加上 0 或去掉 0。

如果使用这样的方法，那么"6×8"就可以进行如下计算。

$$
\begin{aligned}
6 \times 8 \\
&= 6 \times (10 - 2) \\
&= 6 \times 10 - 6 \times 2 \\
&= 60 - 12 \\
&= 48
\end{aligned}
$$

或者像下面这样计算。

$$6 \times 8$$
$$= (5+1) \times 8$$
$$= (10 \div 2 + 1) \times 8$$
$$= 10 \times 8 \div 2 + 1 \times 8$$
$$= 10 \times 4 + 8$$
$$= 40 + 8$$
$$= 48$$

方法记忆就像是记住了从事物中提取出的精髓。如果能够灵活应用这一方法，那么就完全没有必要背诵九九乘法表的 81 个算式，我们只要记住前面的 3 个法则就好了。只靠这 3 个法则就能像使用九九乘法表一样迅速得出正确答案。"方法记忆"真是一种节省能量的记忆方法。

此外我还想强调的一点是，如果使用这 3 个法则，那么即使是像 "23×16" 这样的两位数的乘法，也可以进行如下计算，得出答案的速度也和使用九九乘法表的速度一样，说不定还要更快些。

$$23 \times 16$$
$$= 23 \times (10 + 6)$$
$$= 23 \times (10 + 10 \div 2 + 1)$$
$$= 23 \times 10 + 23 \times 10 \div 2 + 23$$
$$= 230 + 115 + 23$$
$$= 368$$

大家明白了吗？背下来的"九九乘法表"属于知识记忆，只在"九九"的范围内有效，而方法记忆却可以应用到其他所有具有相同逻辑的计算中。

方法记忆是一种会膨胀的记忆，与死记硬背的记忆方法相比，它的记忆量很少，而且不容易被人忘记。我认为，不使用方法记忆的人真的很吃亏。

比如，我在上学时几乎没背诵过数学和理工类科目的公式，这些公式都是在考试时当场推导出来的。大家可能会觉得这是在白费力气，但是对于我来说，与其花时间记忆公式，还不如把这些时间用在其他的学习上呢。

实际上，与记忆公式本身（知识记忆）相比，那些记住公式推导方法（方法记忆）的人才真正掌握了应用这些公式的能力，因为他们已经理解了这些公式的"原理"。

一般来说，不懂原理、只会死记硬背公式的人也不擅长用公式解题，这样就浪费了宝贵的知识。我认为，无论学习什么知识，重要的都是理解并掌握其背后的原理。

这一点不仅适用于理科科目，还适用于社会、语文和英语等科目。如果理解了历史事实、世界各国的经济状况、时代背景和人们的思考方法等，我们应该就能注意到，其实有很多现象本质上都是互相关联的。大家要试着慢慢地转移学习的重心，尽量不要死记硬背，而是应该去理解知识的"背景理论"。

能记住很多东西也没什么值得骄傲的。大家要明白这一点：记忆量本身没有任何意义，不能仅凭此就自我满足。与之相比，记住知识的应用方法，即如何灵活应用脑中储备的知识要重要得多。大家最好能改变自己的学习方法，争取以较少的记忆量获得较大的记忆效果。

我们在前面提到过，天才擅长制造方法记忆。在我看来，所谓的"天才"其实就是在记忆时懂得巧妙地使用方法记忆的人。我们每个人脑中的神经元在性能上都没有差异。更进一步来说，其实无论是人类、老鼠还是虫子都几乎没有差异。总之，脑的功效取决于对脑的使用方法，也就是和方法记忆密切相关。

所以，请尽量避免在知识记忆上浪费时间，把力气用在方法记忆上吧。大家一定会对隐藏于自己体内的能力感到惊奇的，因为"一个人所做的事，只不过占了他所能做的百分之一而已"（丰田佐吉 [①]）。

经验谈　16　/　竟然有人很喜欢考试?

我很讨厌考试，因为考试意味着要暴露自己的不足，还会被人为地划分等级。如果没有考试，不管是数学还是英语我都可能会很喜欢，而且最重要的是不会失去挚友。我从小学三年级开始就这么觉得了，所以会在考试当天故意请假，或者几乎交白卷。

但是最近，我喜欢的一个男孩子却这样说："我很喜欢考试，因为它可以清楚地证明我曾经努力过。"的确，如果既没有考试也没有成绩单，那么我们就很难意识到自己的弱势和优势。但同时我还是希望，老师和父母不要从我们小时候开始就把考试当作竞争的工具……（高一·大阪）

[①]　日本发明家，日本丰田自动织机公司的创立者。其子为丰田汽车的创立者丰田喜一郎。——译者注

作者之见

这的确是一个很麻烦的问题。我们都生活在自由社会，但却不能误解"自由"这个极具魅力的词语的含义。自由并不代表"可以做任何事""不受约束"。比如，我们不可以偷盗，更不可以杀人。"自由"这个词，只要运用于社会之中，就同时也意味着"责任"。不理解其约束的人，恐怕连歌颂自由的自由都得不到。

学校教育的存在象征着现代社会的"自由性"。但尽管如此，我们仍然不能随意上自己喜欢的大学，或者只学习自己喜欢的科目。

而且理所当然的，还会出现为了推进平等和自由，需要将人们分类和区别对待的情况。例如在升学考试中，多数情况下都是通过考试成绩来挑选学生的，这时考试就成为了分类的标准之一。

但是，不只是学生和学校的老师，很多人都已经意识到，一个人的成绩不好并不代表他就是一个无用之人。专业棒球选手也是如此，打不出本垒打的人也并不一定是差劲的选手。能打出安打就挺好，擅于防守也不错，控球能力超群或者作为捕手能够较好地引导投手，能做到这些也很好……判断选手优劣的标准应该有很多才对。

总之，他人总会以某种标准来判断我们的优劣，这是无法避免的。虽然这种现象与自由相反，但从长远来看，我们的"人性"并不只由学校考试来判断，所以为什么不能管理好自己的情绪，试着去努力学习呢？

我可以理解这位同学在考试当天故意请假或者想交白卷的心情，但是这样做到头来没有任何益处，可以说这就是一种自命不凡的正义感，也是一种十分不可取的自我满足。重要的是，我希望大家都能明白，这种反抗行为本身甚至连对矛盾的抵抗都算不上。

> 人类要创造自己的命运，而不是迎接自己的命运。

——维尔曼（德国教育学家）

即使成绩不好也要全力以赴，这才是对将来的自己有益的做法。就像这位同学提到的那样，如果没有考试，我们就意识不到自己的弱势和优势，而这也是考试的重要作用之一。

6-9 为什么要持续努力?

最后,我还想稍微说明一下和方法记忆有关的一个问题,那就是"人为什么可以成为天才"。

首先让我们先来复习一下本书在前面所讲的内容。假设我们已经记住了A。与此同时,理解A的方法,即所谓的"方法记忆"也在不知不觉中保存在了我们的脑中。换句话说,记住了A就等同于掌握了A和A的记忆方法。

当我们想记忆新的知识B时,A的方法记忆会在无意识中辅助我们理解B,这样我们就可以更加简单地学会B了,这就是"学习迁移"的效果。当然,与此同时,B的方法记忆也会自动保存下来。

但是,人脑中产生的现象仅此而已吗?

当然不是。实际上,B的方法记忆会加深我们对先前已经学会的A的理解。也就是说,一旦记住了A和B,那么就会产生4种效果,即"A""B""根据A看到的B"和"根据B看到的A"。这之中既有"知识本身",也有"知识间的联想"。即使脑中只保存了两部分内容,但在联想效果的作用下会产生4种信息,即2

的平方。

记忆的相互作用

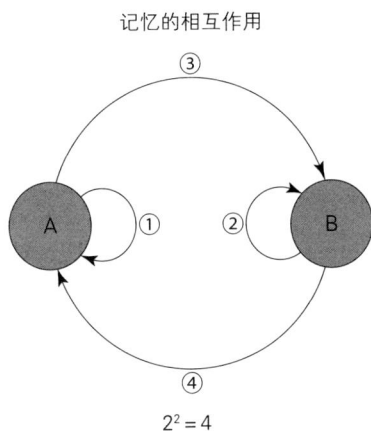

$$2^2 = 4$$

　　可见，如果像这样不断地记忆新知识，记忆的效果就会呈现几何级数式的增长。一般而言，学习迁移具有"指数级的增长效果"。也就是说，学习量和成绩的关系并不是单纯的比例关系，而是表现为一条几何级数式的、急速上升的曲线，即成绩会以类似于"1、2、4、8、16、……"的形式不断提高。

成绩会在某个时间突飞猛进

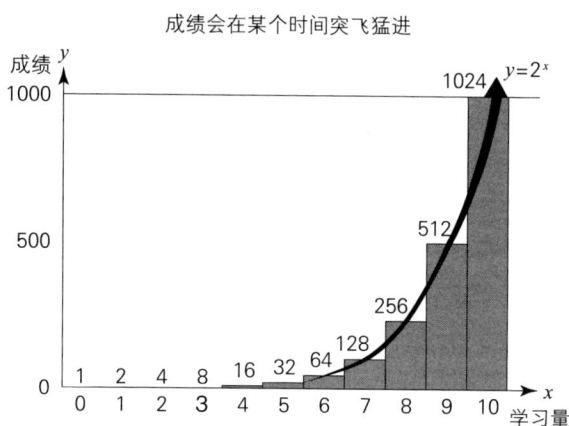

为了让大家切实感受到成绩是如何飞速提高的，在这里，我们先假设大家现在的成绩是 1，而目标成绩是 1000。

为了达成最终的学习目标，大家开始拼命学习，努力将学习水平提升了一级，这时的成绩是 2。之后，如果继续拼命学习下去，学习水平会再提升一级，这时的成绩是 4。像这样不断地努力，学习效果不断地累积，成绩也会逐渐累加至 8、16、32。

但是猛然一想，自己都已经这么努力了，现在的成绩却还只是 32。与 1000 的学习目标相比，这个成绩就相当于只比起始点高了一点点而已。

恐怕很多人都会在此时感到烦恼，不明白为什么自己明明已经这样努力地学习了，成绩却还是没有提高，或者怀疑自己是不是没有才能。

然后这些人就会观察周围那些成绩达到 1000 的人，并感叹"真是比不上他们啊""那些人都是天才吧"。很多人还可能会感到沮丧，觉得自己缺乏才能，因此放弃了努力。

其实，成绩与才能无关，只要持之以恒地学习下去，任何人的成绩都能得到显著提升，从 64 到 128、256、512、……

实际上，只有在付出了千辛万苦的努力之后，我们才能看到明显的学习效果，这就是学习和成绩间的关系的本质。很遗憾，学习效果或者学习能力并不会立刻显现，它们会在某个时刻突然爆发出来。

只要稍加努力，成绩很快就能从 32 变成 1024，这样就能顺利完成目标了。学习成绩在第 5 级时只有 32（$= 2^5$），到第 10 级时却能一口气达到 1024（$= 2^{10}$），再稍微努力一下甚至可以提升到 2048。如果进入学习的第 20 级，那么 $2^{20} = 1\,048\,576$，成绩甚至可以超过 100 万。

在那些付出了辛苦努力后成绩才刚达到 32 的人看来，有 100 万成绩的人简直就像是超级天才一样的存在吧。这正是学习的乘法效应的体现。

这么一想，我们会发现一个有趣的事实，那就是天才与天才之间的差距非常大。比如，1024 和 2048 分别是 2^{10} 和 2^{11}，虽然只差了一级，但成绩的差距却是巨大的。对于那些还在为只有 32 的成绩而挣扎的人来说，这一差距是不可估量的。想必天才们也一定有着他们自己的烦恼吧。

如果继续坚持学习，我们就会感到犹如眼前的迷雾突然散开一般茅塞顿开，这大概就是一种类似于"顿悟"的心境吧。这种现象体现出的正是"学习和成果的关系呈现指数级增长"的事实。作家文森特曾说过："如果没有阴霾和暴风雨，也就不会有彩虹。"这句话完美地道出了学习的核心。只有持续付出艰辛的努力，才能得到丰厚的回报。

的确如此。"持续努力"才是最重要的学习心得。虽然很难在短时间内看到结果，但是我们不能因此就轻言放弃，也没有必要因为身边存在天才就感到失落。单纯地拿天才的能力和自己的能力相比毫无意义，因为努力和成果并不是呈比例关系，而是呈几何级数的关系。

要坚信"我就是我"。即使现实与预期存在差距，只要继续努力就一定会看到效果。脑的性质决定了它的成长模式包含了"暴风雨前的宁静"和"突然的爆发"。即使现在还看不到效果，但是只要能持续用脑，脑的基础能力就会得到稳步提高。

现实中，从开始学习到出现效果，至少也需要 3 个月的时间。

假设一个人趁着放暑假，在朋友们都开心玩乐的七八月份里，每一天都鼓足干劲，拼命地学习。然后他参加了九月份的开学模拟考试，势必会对自己的成绩抱有期待，认为"我都已经这么努力地学习了，成绩肯定会有很大的提升吧"，但实际获得的分数很有可能和暑假前的差别不大。这样一来，这个人一定会觉得非常失望，或许还会失去继续学习的动力。

但是，大家在通过本书学习了脑的性质之后，就会觉得"只有两个月而已，能出现效果才奇怪了"，然后就会继续努力地学习下去。

请大家记住，暑假学习的效果最早也要在秋天来临后才能开始出现。对于在来年二月份要参加高考的学生来说，暑假恐怕就是最后的努力机会了，甚至都有可能来不及。

要想获得显著的学习效果，那么至少要从实现最终目标的前 1 年就开始学习。长期性的规划非常重要，另外就是专心致志的努力了。大家不要因为不会立即见效就心灰意冷。每当感到学习很辛苦时，请回忆起"脑的机能是呈几何级数增长的"这一事实，并不断激励自己"效果肯定会出现的，继续努力吧!"

只要继续心怀梦想，梦想就一定会实现。

——歌德（作家）

经验谈 17 / 应届生的成绩会在临近考试前提升

距离高考越来越近，我却总会在怎么也解答不出报考院校的历年真题的时候焦躁起来。虽然老师说过，应届生的成绩往往会在临近考试前迅速提升，但其实那也只是一种安慰吧。如果时间和实力的关系用斜率较小的一次函数来表示，那么在高考的 X 天之前，成绩就不可能超过最低录取分数线。

更别说二次函数或者指数函数了……我有时候甚至会觉得，时间和实力的关系就像是函数 $y = a$ 那样，这么一想就更没有干劲了。再这样下去，它们的关系会不会就变成斜率为负的一次函数，或者底小于 1 的指数函数了啊?（高三·青森）

作者之见

正如这位同学的老师所说，很多应届生的成绩都会在临近高考前迅速提升。但是大家需要注意，不学习是绝对不会产生这样的效果的。就像前文中提到过的那样，学习与效果的关系呈指数级增长，所以大家没有必要根据当前时间和实力关系中的"斜率"（微分系数）来预测未来，也没有必要因此而感到失落，你们一定可以取得比预想的分数更高的成绩。设学习时间为 t，那么预想成绩 s 和实际成绩 S 的关系就如下所示。

当 $s = at$ 时，

$$d^2s/dt^2 = 0。$$

当 $S = A^t$ 时，

$$d^2S/dt^2 = (\log A)^2 A^t。$$

因此，如果 $A > 0$，下式一定成立，

$$d^2S/dt^2 > d^2s/dt^2。$$

所以，即使大家在模拟考试中得了 D 或者 E，也不能轻言放弃。

不过，学习效果（能力）呈指数级增长的事实也意味着，在真正的效果出现之前，我们需要等待一段时间。请大家记住，备考要尽早开始。

失败并不等于结束，一旦放弃了才是真的结束。

——尼克松（美国前总统）

后记

相信通读本书的读者都能切实体会到，通过了解人脑规则确实可以发现高效的学习方法。或许有人会感慨"啊，要是当时我能这样做就好了"，也会有人觉得"很好，一直以来我的学习方法都没有错"，他们终于为自己以前总觉得很不错的学习方法找到了科学根据，从而变得更加自信。

然而，有些人也可能会感到失望，觉得这本书并没有写出什么新颖的东西。这也没关系。虽然很多人都想通过标新立异、与众不同的言论来获得更多的关注，但是本书的目的并不在于让读者感到惊奇。说到底，奇特的学习方法并不一定就是优秀的学习方法，反而是那些从过去流传下来的"常识"却意外地正确，因为"常识"是前人经过千辛万苦的反复试错后才得出的实验结果。我不想提出一些离奇古怪的新方法来哗众取宠，而是真正想要试着从现代脑科学研究的角度出发，重新解释过去的伟人们总结出来的经验法则。

无论如何，如果各位读者通过阅读本书能有所收获，那么对于我而言就是莫大的成功了。

作为学生，大家每天都需要学习，甚至可以说生活的中心就是学习。但是，大家心中有没有产生过如下疑问呢？

"这样的学习模式究竟会对将来起什么作用？"

即使记住了微积分的算法、古文的语法等知识，这些知识对于我们的人生又有多大的意义呢？能让实际生活发生变化吗？能应用到工作中吗？能让自己出人头地吗？

有人提出这样的疑问并不奇怪。实际上，我自己在日常生活中连联立方程式都没有用过，微积分就更不用说了。即使不懂联立方程式也能正常生活，那我们为什么还要学习呢？

因为存在考试这种制度，所以没办法，必须得学习——或许有人会这样说服自己。大学招生有人数限制，所以必须依照某种标准选拔学生，而考试成绩就是标准之一，因此学习也是无法避免的——我们不能否认，在学校接受的教育的确具有这样的一面。

但是，我们必须学习的理由难道只有这些吗？

想必读完本书的读者都能明白，这样的想法简直太狭隘浅薄了。没错，我们从学校里学到的不仅仅是"知识记忆"，还有"方法记忆"。

方法记忆是一种能够造就天才的"魔法记忆"，是一种能够让人透过现象看本质，提高综合理解能力、判断能力和应用能力的记忆。同时，它也是形成常识、培养直觉、使人熟练掌握某种知识等行为的基础。

虽然在进入社会以后，我们从学校学到的知识记忆有很多都可能没什么用处了，但是那时学会的方法记忆却能为我们在今后人生中面临各种境遇时提供巨大的帮助。无论是社会、家庭、娱乐，还是工作和人际关系，方法记忆才是让多面人生变得更加丰富多彩的源泉。

当然，即使不在学校接受教育，我们也可以学会方法记忆。不过，从小学到高中的一系列课程都是被精心设计好的，由此制订出的学习计划并非一朝一夕就能完成，这是在人类漫长的教育文化史中也少见的、经过仔细推敲得来的东西。因此，与通过游戏或玩耍随随便便地学习相比，在学校学习的效率更高。

大家可以回忆一下自己为了学习骑自行车而反复练习的情形。学习方法记忆时，"反复的努力"和"毫不气馁的毅力"不可或缺，而且一旦有努力和毅力相伴，能力就会呈现指数级增长。任何人的脑都可以产生这种效果，绝不是只有优秀的人才会这样。

我相信，"能做到的人"和"做不到的人"之间的差别，不过是源于他们一开始在学习意愿上体现出的细微差别罢了。

通过研究动物的脑，我们经常可以发现一些有意思的事情。下面就让我们来看一看由老鼠的胡须引起的脑部反应吧[①]。在实验中，当老鼠的胡须碰触到物体时，老鼠的脑神经活动就会被记录下来。参与实验的老鼠有时只会等待，有时则会主动用胡须触碰物品。在这两种状态下，鼠脑的反应截然不同。

与被动获得信息的时候相比，当老鼠主动打探信息时，鼠脑内的神经元要活跃 10 倍，并且即使胡须碰到的是相同的物品，最终产生的结果也是一样的。也就是说，脑会将积极获取的信息视为重要信息。如果态度消极，那么学习对脑产生的效果就会大打折扣，假如只剩下十分之一左右，那就真是太可惜了。

只要积极地持续努力，脑就不会背叛我们。这和无法预测成功或是失败的"赌博"不同，是一定可以看到成果的。大家是不是觉得有信心了呢？越学习就越能切实体会到这一点。

我在上学时也想多花点时间在学习上，但是至今仍然常常后悔，觉得自己当初应该再多学习一些知识。希望大家都能努力学习，不要等到将来再像我这样后悔。如果大家希望进一步提升自己

---

① Krupa, D. J., Wiest, M. C., Shuler, M.G., Laubach, M. & Nicolelis, M. A. Layer-specific somatosensory cortical activation during active tactile discrimination. *Science* 304, 1989-1992 (2004).

的水平，那么就应该消除自卑感和自负感，认清现在的自己，把握好自己应该做什么。

学习时间的长短并不重要，重要的是学习的意愿和方法。我们要高效地学习并做出成果，之后就可以把剩余的时间用在做其他的事情上了。兴趣爱好、自我钻研、约会……做什么都可以。衷心希望大家能好好利用时间，活在当下，活出属于自己的多彩人生。

趁着灯芯还在燃烧，去享受人生吧；趁着花儿还在绽放，去把它摘下吧。

——乌斯特里（诗人）

版 权 声 明